手家贵晴 + 手家由比

黄皮书

[美]托马斯·舍曼　格雷格·洛根　编著

樊敏　张涵　译

中国建筑工业出版社

U0294601

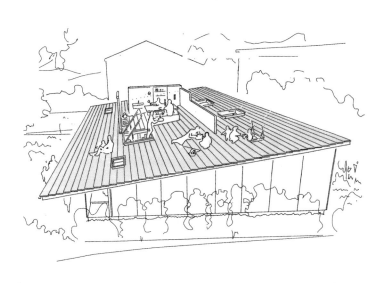

著作权合同登记图字：01-2018-3353号

图书在版编目（CIP）数据

手冢贵晴＋手冢由比：黄皮书／（美）托马斯·舍曼，（美）格雷格·洛根编著；樊敏，张涵译.—北京：中国建筑工业出版社，2018.7
ISBN 978-7-112-22275-9

Ⅰ.①手…　Ⅱ.①托…②格…③樊…④张…　Ⅲ.①幼儿园－建筑设计
Ⅳ.①TU244.1

中国版本图书馆CIP数据核字（2018）第112033号

Thomas Sherman, Greg Logan (eds.): Tezuka Architects: The Yellow Book

责任编辑：李　婧　段　宁
责任校对：李欣慰

手冢贵晴＋手冢由比
黄皮书

[美] 托马斯·舍曼　格雷格·洛根　编著
樊　敏　张　涵　译
*
中国建筑工业出版社出版、发行（北京海淀三里河路9号）
各地新华书店、建筑书店经销
北京雅盈中佳图文设计公司制版
北京富诚彩色印刷有限公司印刷
*
开本：880×1230毫米　1/32　印张：$3\frac{3}{4}$　字数：72千字
2018年7月第一版　2018年7月第一次印刷
定价：50.00元
ISBN 978-7-112-22275-9
　　　　　（32144）
版权所有　翻印必究
如有印装质量问题，可寄本社退换
（邮政编码 100037）

目录

致谢

　　2015年3月，托马斯·舍曼（Thomas Sherman）为了一项木构建筑的研究课题造访了手冢贵晴（Takaharu Tezuka）位于东京的事务所——手冢建筑研究所*，此次会面为本书播下了种子。在交谈中，手冢表示有意将自己2013年在哈佛大学设计学院的讲座拓展为一本著作，并邀请托马斯编撰此书。几个月后，格雷格·洛根（Greg Logan）拜访了手冢的事务所（他曾在手冢建筑研究所实习，此时正留在东京继续自己的研究工作）。有人建议将他的采访内容作为讲座的补充加入本书，以拓展内容的深度。基于这点考虑，《黄皮书》的主体由两部分构成：讲座部分详细陈述了手冢建筑研究所的主要作品，采访部分则着重探讨了手冢贵晴的设计原则，展示了他如何将观念落实为建筑。

　　本书努力保持了讲座与访谈中语言的原意和语气，为了适应读者的阅读习惯与正式出版物的要求，将一些略显随意

---

* 手冢建筑研究所（TEZUKA ARCHITECTS）由手冢贵晴、手冢由比夫妇于1994年在日本东京创办。下文中为方便叙述，或简称为"手冢事务所"。——译者注

与口语化的文字编辑为书面语。书中的方言与用词都经过仔细拿捏，既能还原作者的意思，也方便读者理解。为了照顾上下文关系与行文逻辑，调整了几段文字的先后顺序。

手冢夫妇在家庭起居和事务所空间中都偏爱黄色，于是本书选择了这种标志性色彩作为书名。从轿车到冰箱里的调料，手冢家的衣食住行都离不开黄色。因此，我们将这本书命名为"黄皮书"——我们希望它能展示将手冢的家庭与事务所及其创造的公共场所连为一体的共通的思想与哲学。手冢夫妇认为必须要融入世界，并且以自己的建筑作品对其产生积极影响，在《黄皮书》中我们将逐一解读他们的观念。

许多人为本书提供了慷慨的帮助，没有他们的努力就没有《黄皮书》。感谢哈佛大学设计学院的穆赫辛·穆斯塔法维（Mohsen Mostafavi）院长与马克·马利根（Mark Mulligan）教授在百忙中抽时间为本书作序；感谢 Jovis 出版社的菲利普·施佩勒（Philipp Sperrle）与苏珊·勒斯勒尔（Susanne Roesler），他们的出版业务能力让本书变为现实；特别感谢手冢建筑研究所的泷翠（Midori Taki）、黄淑琪（Sockkee Ooi）与奥拉帕·篷沙理查（Aurapim Phongsirivech）为我们与事务所沟通、协调所做的诸多努力，他们为本书的设计和编辑工作提供了大量帮助。最后，衷心感谢手冢贵晴先生与手冢由比（Yui Tezuka）女士开放自己的事务所，并与我们分享精彩的见解。

前言

穆赫辛·穆斯塔法维

哈佛大学设计学院院长，亚历山大与维多利亚·威利设计教授

在日本工作和生活是一件令人兴奋的事，而这里的城市建筑通常较为含蓄。与日本的人、文化与食物相比，这里的建筑甚至显得有些拘谨。与此同时，平和的城市景观却映衬着某些最精致、最纯熟、最精工细造的动人建筑，其水准之高，当世罕见。

若想定义这些建筑杰作共同的特征，那大多应该是对于简明的坚持。日本建筑就像上好的生鱼片，通常是将事物提炼成纯粹的精华，强调运用减法而非加法。总体而言，手冢建筑研究所的作品也可归于这一谱系，却又是独树一帜的——它们与日本建筑圈里的主流风格，如伊东丰雄（Toyo Ito）与SANAA建筑事务所的作品大相径庭。

最重要的是，手冢建筑研究所的工作都基于对愉悦的体验——工人在建造施工、业主在使用房屋的过程里都能够体会到这种情感；同时，事务所的建筑还表现出轻松的开放性，他们不仅打开了建筑，也将大自然引入室内——有时甚至连基地中的树木也被原封不动地安置在建筑里。

当谈起富士幼儿园时，手冢贵晴说"人的身体是防水的，淋点儿雨也不会融化，孩子们应当去室外活动。"基于这种观念，富士幼儿园几乎全年都开轩敞圃，这座建筑完美诠释了生活与建筑的相互实践。

我与贵晴初次相遇是在 1989 年，当时我在宾夕法尼亚大学任教，贵晴是我工作室的研究生。他做事专注，很有才干，可说是出类拔萃。每次作业伊始，手冢贵晴就以自己的工作步调全心投入，他会为设计项目做好几个方案，为每一个方案制作精细的白色模型。这些兼具概念性与可实施性的模型与图纸表现出贵晴对建筑毫无保留的激情与热爱。贵晴还参加了我为"后专业"（post—professional）学生开设的建筑理论课，他全身心沉浸在艰深的著作中，与大家一同讨论建筑理论与建筑实践之间的关系。多年后我听说，尽管这门课的语言要求和观念对当时的手冢贵晴都极具挑战，但还是令他受益匪浅。作为贵晴的导师，我深感欣慰。

毕业之后，贵晴前往伦敦，到英国建筑师理查德·罗杰斯（Richard Rogers）的事务所工作。在那里，理查德对三原色和平凡人的挚爱深深感染了他。贵晴参观了位于温布尔顿郊外社区的开创性建筑——理查德·罗杰斯为父母设计的住宅。这虽然是理查德的一栋早期作品，但其中的设计 DNA 却延续在他日后的大部分建筑中。温布尔顿住宅令手冢贵晴十分着迷，尤其是内部丰富的色彩，对贵晴与由比返回日本后的建筑实践产生了深远影响。

　　对手冢贵晴而言，盖房子是一种公共行为：业主、使用者，甚至是建筑师本人的家人都需要参与其中。父母作为监护人，需要与孩子们一道，在家庭这个多姿多彩的"马戏团"中一起演出，一同探索建筑的乐趣。手冢将富士幼儿园附属建筑设计成一处"没有家具的教室"，这栋7层的建筑只有5米高，每层的间隙控制在500毫米至1500毫米之间。"我们把这房子交给小孩，他们一边用手摸着天花板，一边咯咯地笑。"园长加藤先生解释道："对小孩来说，天花板就像天空一样遥不可及，而当天花板降落到他们的尺度范围内时，孩子们就觉得自己长大了，成了大人。"建成后，手冢让自己的孩子们去探索建筑的安全问题，毕竟有些位置的层高很低，并且还没有设置护栏。"不出所料，小孩们撞了头，还擦破了皮——其实没什么大不了的。"对手冢夫妇而言，克服一点小障碍并且适应周围的环境是儿童教育中非常重要的一部分。"如今的小孩们需要面对一点危险，只有这样他们才能学着去互相帮助。社会就是这样的吧。"建筑师的社会责任是手冢贵晴从理查德·罗杰斯那里学到的另一门学问。贵晴说："他（理查德）从来不谈建筑细节，他只讨论人的生活。"

　　说来也巧，理查德·罗杰斯最近将温布尔顿住宅捐献给哈佛大学，设计学院在那里成立了一处新的居住项目研究基地。如今我与贵晴一样，对这栋建筑怀有了相似的感激之情。生活可真是妙不可言。

引言

马克·马利根

哈佛大学设计学院，建筑实践副教授

本书缘于手冢贵晴 2013 年 10 月为哈佛大学设计学院（GSD）所做的演讲。

那并不是他第一次在哈佛大学设计学院发言。早在 10 年前，手冢建筑研究所的作品刚刚在国际上崭露头角，手冢贵晴与手冢由比就携作品参加了在哈佛举办的"东京微观都市"（Tokyo Micro-Urbanism）研讨会。正是那群意气风发的参会者，为日本当今最具创新精神的建筑实践奠定了基础。当时，手冢夫妇可谓独树一帜——不仅因为手冢建筑研究所开业仅仅 8 年就完成了数量可观的中小建筑作品，贵晴热烈而又谦和的演讲更是令人印象深刻。自打我结交这位爱穿蓝色 T 恤的建筑师，就对他讲故事的天赋深感折服。

当然，我们即便不听手冢的故事也能欣赏其建筑之美。手冢建筑研究所的作品恰到好处，非常上镜，在日本和全世界的建筑媒体上广为流传。这些建筑极具可变性，能根据季节、时间和周围人的活动呈现出不同的样貌。建筑能够自由调整维护结构的封闭程度，以适应外部环境与居住者的意愿。

为了在保持易变性的同时提升建筑水准，手冢回溯到日本本土房屋的建造传统之中，重新拾起滑动门、屏风，以及其他界面围合元素。虽然创造流动空间与弱化室内外界限是现代建筑中的惯用手法，但当我们见识到手冢建筑研究所在他们的开放建筑中引入的阳光、清风与湿润空气，以及由此诞生的"无界生活"时，无疑会产生明显的新奇感。这些朴实无华的开放建筑似乎非常适合 21 世纪的公民，将人们从过度物质化、依赖 WiFi 度日的生活中拉回来，回归自然。

在发布的建筑图片之中，我们很容易就能发现这一点。当然，如果能听听手冢讲述背后的趣闻，我们将会更喜欢这些作品。手冢贵晴具有一种与生俱来的能力——无论想表达的是什么，他都能够抓住观众的注意力，把观众带入自己的主题。其独特的、互动性极强的演讲风格似乎出自本能，极富吸引力。他通过那些看似离题的轶事分享自己的观点与见解，表达自己对于当代城市生活方式的质疑，这在专业的建筑演讲中是非常少见的。手冢建筑研究所的设计项目并不基于某种固定的设计构思，方案会随着建筑师与业主或合作者的私人关系的日益增进而逐渐发生演化；建筑是一个媒介，反映出使用者的性格、禀赋与趣味。业主开始使用房子后发生的趣事一点儿也不亚于手冢讲授的设计趣闻，这些故事都很有教育意义。与其说手冢是为一栋建筑塑形，不如说是为人不断变化的行为搭建平台。

2013 年，手冢贵晴回到了哈佛大学设计学院，再次向大家展示了他无与伦比的演讲天赋。派珀礼堂座无虚席，挤满了老师和学生。自第一次演讲 10 年之后，手冢建筑研究所的经营越发红火，已经完成了 100 多个建筑项目。然而，那天晚上手冢贵晴并没有利用演讲大肆宣传自己的新作品，而是只讲解了其中的几个。他在演讲中表述了自己的建筑哲学。实例讲解中既有他的早期建筑，也包含几例近期新作。在讲述 2001 年与"屋顶之家"那不按常理出牌的业主合作的经历时，手冢在孩子气般的一惊一乍中恰到好处地穿插了好几个搞笑故事，向大家展现了那段难忘的时光。他还介绍了近期的重要建筑，如富士幼儿园（Fuji Kindergarten，2007 年）、朝日幼儿园（Asahi Kindergarten，2012 年）、儿童化疗中心（Child Chemo House，2013 年），从建筑师的角度对建筑与基本的人类心理学关系进行了深入探讨。这次演讲的主题其实十分严肃，不但探讨了建筑师的专业责任，还探讨了建筑师在创作过程中如何保持开放与谦逊，但演讲过程中观众们兴致高昂、笑声不断，最后的问答环节也非常有趣。

当晚的讲座给许多学生留下了深刻的印象，《黄皮书》希望能够抓住并且延续这次交流讲座中所表达的精神。将幻灯片的叙述，包括很多口语表达编撰成一本书，不仅仅需要仔细转录与文字编辑，更需要一个清晰的全局综述。在这一过程中，本书的编辑们深度挖掘出手冢夫妇的建筑实践经验，我们希望这本袖珍手册能够鼓励建筑学专业学生和年轻的从业者们，并为他们未来的工作带来启示。

"屋顶之家"的草图

超越建筑

手冢贵晴

2013 年 11 月 8 日在哈佛大学设计研究生院的讲座

马萨诸塞州，剑桥市

　　各位晚上好！除了在座的老师，还有人听过我 4 年前在这里的演讲吗？看来是都没听过，好极了！这样的话，我还可以把那几个老笑话拿出来再讲一讲。本人第一次在这里发言是 10 年前了，当时森俊子（Toshiko Mori）是会务组主席。那天晚上，我急切地想把我们事务所的作品展示给森，可我五个月大的小女儿在开讲时就哇哇大哭。多亏了森教授——她真是个好心人，把我的女儿抱到外边去哄，不幸的是我精心准备的演讲她却没听到几句。我猜那天晚上自己讲得还不错，不然哈佛大学这次也不会请我来了。

　　我还想讲一个关于哈佛设计学院的小故事。多年前我在宾夕法尼亚大学念书的时候，选了穆赫辛·穆斯塔法维的一门课程。当时我的英语糟透了，那门课大概只能听懂四分之一吧。我锲而不舍，一遍一遍反复读他布置的资料。如今我在日本也教了一门建筑理论课，本人依葫芦画瓢，把原先那些难倒自己的资料搬出来布置给学生。

让我们先从基本的说起吧，先做个自我介绍。本人一直穿蓝色的衣服：我的 T 恤是蓝色的，手机壳是蓝色的，钱包也是蓝色的——总之都是蓝色的。所有人都拿我的蓝色 T 恤衫开玩笑，说我从来不换衣服。实际上这款 T 恤我买了一百多件，我向你保证今晚穿的这件绝对干净。我妻子由比一直穿红色衣服。有一天我们决定，我俩共用的东西要选黄色，所以生了女儿就让她穿黄色吧。后来又有了儿子，也穿黄色，但是小姑娘不愿意跟她弟弟撞衫，非要弟弟穿成绿色。

我们还有另一个家，毫无疑问，那就是我们的建筑研究所。一般而言，日本人的工作时间都很长，大家要从早上 8 点一直干到半夜甚至更晚。从这方面而言，我们的事务所着实属于异类。在我们这儿，如果有人提出"今天我要去跟男朋友或者女朋友约会"，那我一定准假。我对这一点非常自豪，过去两年我们事务所已经有 6 位员

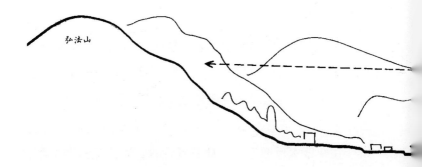

弘法山

工喜结良缘，有人还生了孩子。我感觉就像自己当上了
爷爷一样。

我总说："如果你自己连幸福是什么都搞不清，如何能
给别人带来幸福呢？"这个观点在我们的事务所中非常重
要。出于这样的观念，就从我们做过的最小、最便宜的建
筑开始讲吧。一定要像了解好朋友一样了解业主，在项目
开始前我们会先问一些诸如此类的问题："你喜欢怎样度过
周末时光？"或是"你喜欢吃什么食物？"

业主是我们的伙伴

十几年前，我们为一家人设计了一栋住宅。业主说，
自己与家人经常会待在住宅的屋顶上。我们被主人领到一
个小窗旁边，眼看着他从窗户里钻出去。当时我还不相信
居然有这种事，于是业主又把他小孩爬屋顶的照片拿给我
看。毫无疑问，在美国这样做就违法了。他家屋顶没装栏杆，

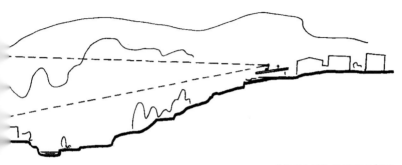

"屋顶之家"的视线分析图

还掉了两片瓦。我告诉他们这看起来太危险了，但主人很淡定地说："没事儿。每次我们都陪小孩一起上去。"我不知道这是否保险，但我明白业主一定没有开玩笑。

于是我们就画了一张草图，设计出一个倾斜的大屋顶，可以在上面眺望富士山和附近的山谷。每次跟学生讲这个方案，我们都要强调一件事：第一次跟别人约会，千万不能把地点选在麦当劳。你跟约会对象坐在麦当劳餐厅的卡座里能有什么可聊的？没准你能撑 30 分钟，但一过半个钟头你就没话可说了。这就尴尬了，你开始"尬聊"没谱的话题，这次约会八成也搞砸了。顺便提一句，有次我不小心自摆乌龙，居然在麦当劳赞助的报告会中讲了这个故事。

在我教书的大学附近，有一条叫作多摩川（Tama River）的河流。沿着美丽的河堤漫步，总能看到情侣们坐在岸边谈情说爱。我们很想弄清这是怎么回事。我推断，如果两人坐在倾斜的地方，就不会相互对视，由于他们坐的地方正朝着同一个方向倾斜着。因此不必面对面，那么即便不讲话也不会觉得尴尬了。就这么静静地坐着也很浪漫吧。还有一点，既然两个人看到的风景是一样的，也就容易产生同样的观点。你可能会说："看到那片水花了吗？是一条鱼吧？"如果在麦当劳坐着，就说不出这么可爱的傻话了。还有一点——倾斜的地面便于增进情侣的关系，但我不想在这里讨论此问题的具体细节。

やねのはしっこ（屋顶一角）

夫妇俩坐在屋顶上

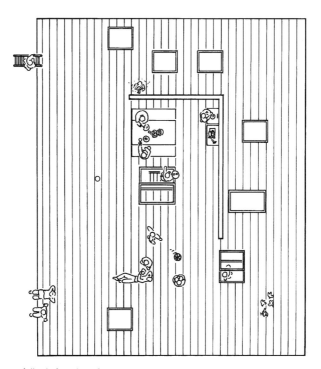

"屋顶之家"的屋顶平面图

我们研究了世界各地的著名广场，发现最受欢迎的广场都是倾斜的。比如蓬皮杜中心（Pompidou Center）前广场、锡耶纳的广场、墨尔本的广场，还有威尼斯的圣马可广场（Piazza San Marco），都是斜的。如果你拍一张圣马可广场的照片，就会发现人们都在边沿活动，只有鸽子才聚在广场中心。通过这一系列研究，我们发现了斜面的重要性，那么就将这栋住宅的屋顶设置成一个斜面吧。

业主告诉我们，打开门走到房间外面太没意思了，他们一直是从窗户里翻出去的。人们偶尔做一些出格的事情，感觉会格外良好。我相信大家一定也有同感吧。所以我们就为儿童房开了一个直通屋顶的天窗。于是大女儿说："这个天窗是我的。"爸爸说："卧室的天窗是我的。"妈妈则表示："厨房的天窗是我专用的。"最终，我们在这栋房子里做了 8 个天窗，连卫生间和浴室都有。

业主一家对大屋顶提出了诸多诉求，引导着我们的设计。他们想在屋顶上吃早餐和午餐，我们在屋面设计了一张带长凳的大桌子；他们要做饭，我们就加上了厨房；他们说"冬天很冷，得有个炉子取暖，夏天太热了，请设计个淋浴喷头吧。"我们都完全照做。他们甚至想在屋顶上做烧烤，本人表示这绝对是个馊主意。我解释道，这栋房子是木构建筑，在屋顶用烧烤炉会起火的。主人悻悻地说："好吧，那我们就在院子里烧烤。不过请把屋顶降低一点，这样烤好了才能递到屋顶上。"因此我们只好把天花板高度设置到 1.9 米。美国人进去可能会撞头，但对日本人而言已经够高了。

业主的妻子又提出一个要求："我妈妈就住在这里80 米开外的地方，每天一早她都会把窗户打开。我想从家里直接看到她的房子，确保她安好。"所以我们就在墙的转角切了一个洞。可这面墙是唯一能为他们家遮挡隐私的封闭体了。这实在是奇怪的一家子，你可以想想看，

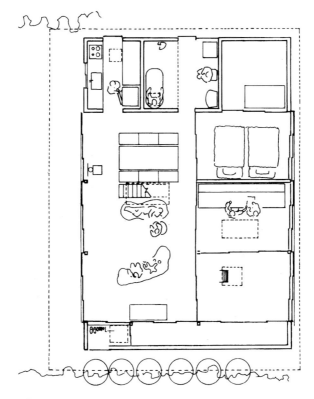

"屋顶之家"的平面图

全家人都在屋顶上坐着是怎样的场面。

　　在我们建造那栋住宅的时候，有次业主订了一份比萨饼。送餐的快递员到了地方发现一个人也没有，就回到餐厅确认："屋子里根本没人嘛。到底是哪家订的比萨饼？"店员告诉他："那家人都在屋顶呢！拐角有个楼梯，你爬上去就是了。"所以他又回来，爬上屋顶，开口却问："请问，我把鞋脱在哪？"*这可把大家逗乐了，之后他们就只在屋顶订比萨饼了！在此事发生之后，送餐的那位快递员就再也没来过，每次来的人还都不一样。于是他们就问："以前给我们家送比萨饼的小哥怎么不来了？"快递员说："您有所不知，这栋房子在我们店里已经出名了，现在我们轮流给您家送餐，因为大家都想来看看呢。""屋顶之家"现在已经是本地必胜客（Pizza Hut）营业区里最著名的建筑了。

　　"屋顶之家"的两户邻居也感到很高兴。这里原来是一栋2层高小楼，现在却变成了单层建筑，大屋顶看起来就像他们自家后院的平台一样。每次我们来访，隔壁的伙计都会拎着几瓶啤酒来串门，特别喜欢坐在屋顶上跟我们一起喝几杯。屋子前边的小街原本很冷清，自打房子盖好了，每天早上都有人来这儿晨练或是遛狗，顺便跟屋顶上吃早餐的邻居打个招呼。这家的男主人后来还当选了社区代表——看来我们设计的建筑还有拉选票的作用。

---

*　传统上，在日本住宅中，进门后要在较低的玄关空间脱掉鞋，之后才能进入家庭起居空间。送货员认为屋顶是主人家生活区域的一部分，足见其重要性。

　　"屋顶之家"项目一完工便被许多杂志刊登报道。据我们统计，这栋建筑已经被全世界各类论文引用了 400 多次，这个数字目前还在持续增长。《建筑评论》（Architecture Review）的主编告诉我们，"屋顶之家"是近十年来全世界曝光度最高的建筑作品，但各种各样的吐槽也随之而来。就算"屋顶之家"已经多次登上杂志封面，还是有人认为屋顶不装栏杆就不符合建筑法规。事实上，业主本人就是一位经验丰富的建筑师，他有执业执照，能为规划申报图盖章签字。他说："你知道吗，我们以前住的那栋住宅屋顶上也没装栏杆。瞧瞧周围的房子，没有一栋在屋顶装栏杆的。你再从山谷往下看，这里所有房屋顶上都没有栏杆，为什么偏偏我家就得装？"当时他正是用这样的理由说服我的。大家请看——这栋建筑的确是通过了规划部门的审批。

　　我们坚信建筑是为人而建的，这也是我们坚持在设计草图里画上人物的原因。在屋顶的草图中，我画的姐姐正在踢皮球，小妹妹坐在房檐边上，某个人在冲凉，另一个人在厨房旁边用餐。在报道"屋顶之家"时，《日本建筑师》（Japan Architect）杂志破例首次刊登了有人物存在的建筑照片。这本杂志特别严肃，选用的建筑图片里从来就不能出现人物，而我们建筑的用户却经常开心地微笑，日本的建筑杂志通常都受不了这一点。事实上，在紧随其后的那一期中，就有评论家发表文章并提出质疑："这座建筑一点儿也不现实。人们受不了夏天屋顶的温度，冬天则太寒冷

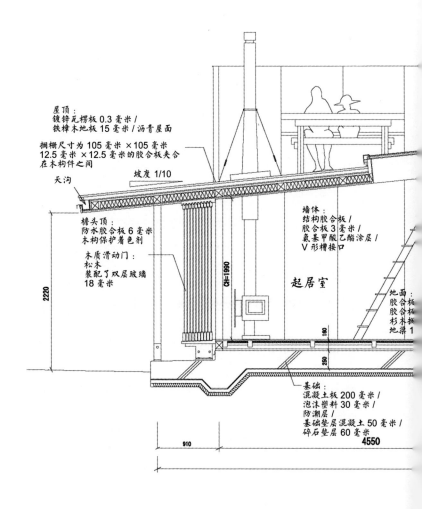

屋顶：
镀锌瓦楞板 0.3 毫米 /
铁樟木地板 15 毫米 / 沥青屋面

栅栅尺寸为 105 毫米 ×105 毫米
12.5 毫米 ×12.5 毫米的胶合板夹合
在木构件之间

坡度 1/10

天沟

檐头顶：
防水胶合板 6 毫米
木构保护着色剂

木质滑动门：
松木
装配了双层玻璃
18 毫米

2220

CH=1990

墙体：
结构胶合板 /
胶合板 3 毫米 /
氨基甲酸乙酯涂层 /
V 形槽接口

起居室

地面
胶合板
胶合板
杉木搁
地漆 1

180

250

基础：
混凝土板 200 毫米 /
泡沫塑料 30 毫米 /
防潮层 /
基础垫层混凝土 50 毫米 /
碎石垫层 60 毫米

910

4550

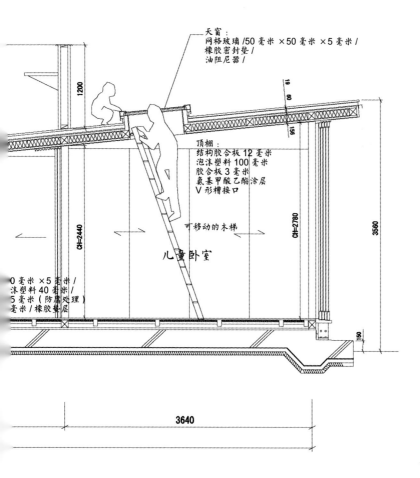

天窗 /
网格玻璃 /50 毫米 × 50 毫米 × 5 毫米 /
橡胶密封垫 /
油阻尼器 /

19 60

150

顶棚 /
结构胶合板 12 毫米
泡沫塑料 100 毫米
胶合板 3 毫米
氨基甲酸乙酯涂层
V 形槽接口

可移动的木梯

CH=2440

CH=2780

3560

儿童卧室

0 毫米 × 5 毫米 /
沫塑料 40 毫米 /
5 毫米 (防腐处理)
毫米 / 橡胶垫层

1200

150

3640

"屋顶之家" 的剖面图

一家人在屋顶上眺望远处的山谷

了。我不认为这家人真的在使用屋顶，那些照片八成是摆拍的。""屋顶之家"的业主为此特意向《日本建筑师》写信申明"绝没有摆拍！我家每天都在屋顶上吃早餐！"这种事在《日本建筑师》90年办刊历史上还是头一次。

　　"屋顶之家"先后获得了日本政府和日本建筑师协会（JIA）颁发的若干奖项，也许是因此受到鼓励，年轻的建筑师们也开始在自己作品的屋顶上画人，但这些方案没有一个通过审批的。专家们的回复都一样："不行。你们必须要设置栏杆！"年轻建筑师们拿着"屋顶之家"的图片反驳："您看过这栋建筑吗？这可是获奖作品！"专家则回复，当然知道"屋顶之家"，所以才不允许你们这样盖房子。如此说来，

"屋顶之家"是第一个，也是最后一个屋顶上没有栏杆的建筑项目，没人能再做类似的设计了。对于这一点，我们相当自豪。

　　"屋顶之家"还获得了《日本建筑师》杂志颁发的奖项，业主在演讲中说："夏天，屋顶确实非常热，所以你应该在日出前使用它；冬天，屋顶上也的确很冷，那么你就该先吃完午饭，等屋面晒热了再上去。"我认为这段表述非常睿智。他还说："夏天我们会去酷热的海滩，那比城市里任何地方都要热；冬天我们会去零下20℃的地方滑雪，只要过程开心，温度就不是问题。我们家并不追求舒适的温度，我们追求的是生活的乐趣。"

　　与业主一家熟识以后，我们还是会惊异于这家人对屋顶生活的贯彻和坚持。屋顶的厨房是我设计过最差的一个

屋顶聚餐

了。因为没钱，只好让木工师傅用他手头的材料勉强建造。水槽虽然是木工从自家后院里翻出来的，但是业主却经常用。当时我们也不太确定业主用不用得到屋顶上的淋浴喷头——也许只有他家 8 岁的女儿才会在那里冲凉吧，实际上并非如此。有一次我们接到了业主妻子打来的电话，她说："刚才刮台风，我在屋顶上冲了个热水澡，感觉好极了。"

我赶紧说："老天爷，您可得当心点儿啊。"

但是她却满不在乎："没事，我冲澡的时候穿着 T 恤呢。"她一定是没搞清重点，我的意思是你在屋顶冲澡也得看看天气啊。

那栋房子没有什么私密性可言。如你所见：滑动门只能分隔空间，屋子里也没有安装纸屏和窗帘。浴室和淋浴

"屋顶之家"的内部空间

间在房屋这头，卧室却在另一头，我们很好奇这家人洗完澡该怎么办。主人答得很干脆："不碍事，我们跑得快着呢，外边的人看不见的。"这家人非常仰慕美国豪放的生活方式，但我估计他们并不了解美国住宅与街道之间的距离比日本可是大多了。

要知道，这是 14 年前的事了。当时的预算实在太低，我们只做了一种结构梁断面，大约只有 100 毫米（4 英寸）宽，所以又在两边加上了胶合板。实际上，这正好让顶棚既轻薄又坚固。如果屋顶能做到一张卡纸那么薄，打开天窗眺望时，室内与室外空间的界限也会因此消解。请看，业主夫妇穿着红色和蓝色衣服，坐在屋檐之上，他们穿着袜子的脚丫从房檐上垂下来。不言而喻，正是轻薄的屋顶造就了这幅生动的场景。

我们经常与事务所的照明设计师探讨方案，他讲过一个很好的故事："你知道世界上最漂亮的灯光是什么吗？是城市的夜景。它的美丽并不赖于明亮的色彩或是巧妙的安排，只因你能感受到每一盏灯光背后的生活。你看到一盏黄灯或红灯，也许是一位印度女人在为孙子们煮咖喱；快速移动的白色光束，也许是一对夫妇正在赶夜路；如果你看到写字楼里亮着灯，代表着有人还在熬夜加班。透过灯光，你能感受到生活本身。"这位照明设计师曾在横滨市主持过一项有趣的实验。政府要求他为元町区的一条街道增加照明设施，那里曾是人们见面聚首的著名标志性地点。这项工程预计将花费数年时间，计划每年拨款数百万美元。但是没过几个月他就回来，说自己完成了工作。按照任务要求，街道的确变得"更明亮"了。市议会的议员很惊奇，问他是如何做到的。他回答说："很简单，我只是关掉了街上所有的路灯。"这个答案也许令人觉得意外吧。但人眼在适应光线方面的确有着令人难以置信的能力。日光的照度有 10000 勒克斯，我们的眼睛却能在 1 勒克斯亮度下感觉到物体。长久以来，城市一直在不断提升街道的照度，路灯越来越亮，而街边商店的灯光却没有什么

"屋顶之家"的灯光

变化，依然是 300 勒克斯左右。如此一来，商店的灯火就会湮没在路灯的光晕里。我的照明师朋友关掉路灯后，街道恢复了五光十色的模样，又显得生机勃勃起来。他用这个故事，说服我在"屋顶之家"的顶棚上安装白炽灯泡。最终的照明效果非常不错，每个天窗都像是挂着一个灯笼，整栋房子看起来充满温暖的生活气息，每个空间，都有一个灯泡，一部梯子，还有一位主人，体现着一一对应的独特关系。

　　我在"屋顶之家"的实践中学到了极其重要的两课。第一是，**设计概念不需要语言的解释**。学生总想在讲方案时多谈点儿概念，有时候会拖十几二十分钟。但是教授通常会打断发言，告诉学生空谈概念其实很无聊。许多国家的杂志都刊登了"屋顶之家"的图片，编辑们很清楚这栋建筑是怎么回事，绝对不需要我们发一份设计说明过去——图片已经足以反映设计意图了。第二是，**我们发现建筑能够改变人生**。"屋顶之家"的女主人拥有心理学学位，在当地初中担任专职辅导员。她认为在钢筋混凝土的教室里做心理疏导总是效果不佳，因此就把谈话地点挪到了"屋顶之家"。有个学生起初很抵触，表现得像是一条硬汉，而在屋顶上待了一会儿之后就改变了态度，他说："如果能在这样的房子里长大的话，我想自己应该能成为一个更好的人。"如今，这位男孩已经 30 岁了，他考上了一所好大学，还成了""屋顶之家"基金会"的代表。

夜晚的"屋顶之家"

"屋顶之家 2.0"（Re-Imagining Program）

完成了"屋顶之家"的项目后，有一位客户找到我们："请设计一个能容纳 600 个孩子的大号"屋顶之家"吧。"原来的校舍是我见过最丑的房子之一，但是说不出是什么原因，

富士幼儿园的屋顶视线设计草图

给人的感觉还不错。我说："这栋建筑看上去挺好的，您应该继续使用。"但是园长先生不认同我们的建议，他领着我们看漏雨的屋顶，足足 30 处漏雨点，还说这栋建筑肯定扛不住下一次地震。最终我们被他说服，认为还是新建一栋比较妥当，所以又有得忙了。

刚才提到过我家的两个孩子，小黄和小绿。我知道这两个小家伙最喜欢绕着圈跑来跑去。当时带着他俩去幼儿园看场地的时候，他们围着椅子跑个不停。似乎有某种本能驱使孩子这样做，就像小狗会追着自己的尾巴不停打转。于是我们就把这所幼儿园设计成椭圆形，小孩们可以乐此不疲地在上面奔跑。以前这座幼儿园盖在公路旁边，有好几栋建筑，园长必须挨家挨户地来回巡视。现在好了，他可以在我们设计的椭圆形幼儿园中尽情地巡逻！

我们将建筑的弧形轮廓线推到场地边缘，却被几棵树木拦住了去路。在室内种树可不简单，你不能伤到树根，

一不小心树就死了。于是我们专门用声呐装置探测出树根的位置，并且特制出一种方形钢架，环绕树干支撑屋顶。设计方案时，园长特别叮嘱："要和'屋顶之家'一样，可别在屋顶安装栏杆啊。"我告诉他那是不可能的，如果幼儿园的屋顶不装护栏肯定会遭到投诉的。园长不甘心，又跑来说："能不能在房檐下边装防护网呢？如果小孩摔下去也能接住。"他居然是认真的！我最终被他说服，拿着他的创意去询问市政府规划部门的意见，得到的答复是"您是不是精神错乱了？"我只好回去告诉园长对方觉得我疯了。因为此事，园长又向市政府打了一通电话——也巧了——接电话的那位，他正打算让自己的小孩去上这所幼儿园。市政府的官员们对富士幼儿园再熟悉不过了——这附近每一家的小孩都要上这所幼儿园。在当地，园长本人的知名度比市长还高！市政府的规划部门必须得给出个说法才行。最终，政府同意了装防护网的想法，但只允许安装在大树和房屋之间的空隙上，也默认了我们将防护网称为"护栏"的说法。跟"屋顶之家"一样，这次也是我们率先做了这样的设计，年轻建筑师们以后可没机会尝试了。

你一定猜到了，孩子们特别喜欢爬上树再摔到防护网上，曾经出现多达 40 个小孩同时爬树的壮观景象。园长先生一开始并不想装栏杆，当时我们做出好几种护栏模型，他走到最细的护栏跟前说："我喜欢这个能晃的。"因此最后安装的栏杆非常纤细，看起来不太结实，这在美国肯定

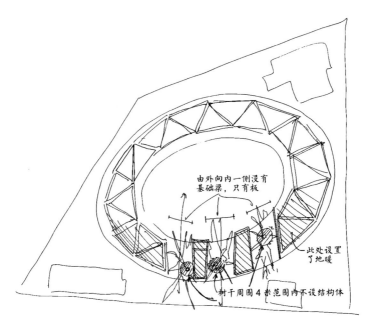

由外向内一侧没有
基础梁，只有板

此处设置
了地暖

树干周围 4 米范围内不设结构体

钢结构设计草图

不合法。但是从下面看很有意思，孩子们就像是动物园里的小猴子。

这座建筑的屋顶很低，只有 2.1 米，也就是 7 英尺。按照政府的相关规定，幼儿园的层高至少要 3 米（10 英尺）才行，但是园长却不以为然。他要求将屋顶设计得矮一些，这样才能从地面看清楚屋顶上发生的事情。我们自己也不想为幼儿园的小朋友设计 3 米高的顶棚。无论如何，当地政府和教育部门对此非常不满，园长却说："这可是私立幼儿园，用的是私人资金。"因此最终我们保留了低矮屋顶的设计方案。

大约两年半以前，政府对富士幼儿园的态度突然改变了。文部科学省*给园长打来电话："你们有喜事了。"原来是联合国教科文组织（UNESCO）和经济与发展合作组织（OECD）宣布要在世界范围内评选过去 50 年建得最好的学校建筑，所有成员国都提交了竞选方案。富士幼儿园力拔头筹，获得了最佳奖。你知道，日本政府很少聆听本国人民的心声，对欧洲人和美国人的观点倒是能听得进去。在富士幼儿园获得教科文组织和其他国际机构的关注后，政府的态度也发生了变化。官员们来视察幼儿园，还颁发了"文部科学省教育奖"，这可是政府首次为幼儿园颁布这么高的奖项。我们还在政府官员的陪同下，去巴黎领取了教科文组织颁布的奖状。回到日本以后，政府点名让我妻子由比牵头，编写一套全新的日本幼儿园设计规范。现在我们终于能放开手脚做设计了！以前禁止小孩在屋顶玩耍，可你看看新版规范吧，现在可是要鼓励孩子们去屋顶。能获得政府的支持实在是很好，我们终于可以制定自己的规则了！

富士幼儿园并不像看起来那么简单，如果你去参观，就能发现室内的柱子非常纤细。世界上 7% 的活火山都在日本，这里每年发生的 4 级地震占全球总数的 30%，可以说日本是一个地震频发的国家。在这样的背景下，用细柱撑起大跨度屋顶是不得了的事情。为了让柱体尽可能轻薄，

---

*　文部科学省是日本中央政府行政机关之一，负责统筹日本国内教育、科学技术、学术、文化及体育等事务。——译者注

我们使用了先进的模拟技术，还为每一根柱子设置了不同的震动谐波以避免结构发生共振，即便小孩子们一起在屋顶上跑步也没关系。

建筑中设置了很多天窗，每个房间至少有一个。过圣诞节时，圣诞老人会从天窗钻进教室，但是在4年或是5年以前出了一个小问题。园长联系了驻日美军基地帮忙，请来了一位好看的美国圣诞老人，但是他没有注意到天窗是按照日本圣诞老人的身材设计的，美国圣诞老人卡在了窗框里，无论如何也拉不出来。

我们针对儿童的特点添加了不少细部设计。为了避免小朋友因为楼梯过长而摔倒，我们在院子里推起土台，缩短了屋顶楼梯的长度；孩子们可以通过屋顶的排水口观察雨水是如何变成地下水的；这里是洗手区，我们安装了各式各样的水龙头。这位小朋友在向伙伴喷水，另一个小家伙正在用大水龙头冲澡；请看这张图片，小男孩并不是在冲洗自己的雨靴，他是在朝鞋子里灌水呢！

最近，大家都提倡使用LED灯，据说可以节约能源，但我们不同意这样的说法。人们不会因为用了LED灯就懂得节约。富士幼儿园安装了300多个电灯泡，同时配了100多条灯绳。每次拉绳子你最多只能同时打开3盏灯，离开教室的时候还要去拉同一根灯绳，把灯关掉。我们试图通过设计此类细节来培养孩子们的节能意识，这也是建筑师的社会责任。

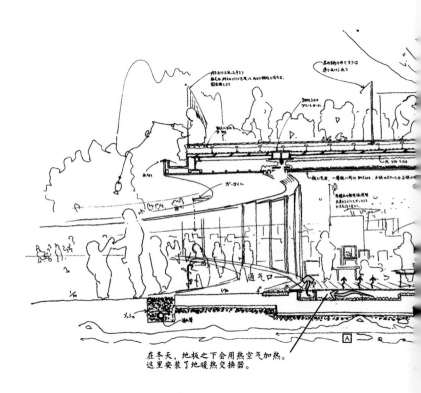

在冬天，地板之下会用热空气加热。
这里安装了地暖热交换器。

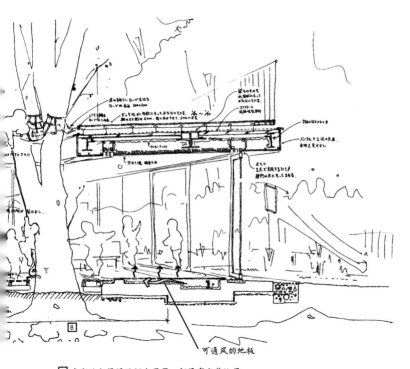

可通风的地板

Ⓐ 在室外与操场的树木周围，都没有安装地梁。
Ⓑ 以树干为圆心，直径4米范围内的树根都受到绝对保护，不会被建筑结构侵害。

富士幼儿园剖面图

富士幼儿园鸟瞰

　　富士幼儿园还因两点独特之处而闻名。第一点，幼儿园的教室里没有被群体排斥的"弃儿"。园长认为，当幼儿处在封闭的环境中时，他们会试着划分出层级关系，级别最低的小孩就会遭到孤立。那么，如果教室没有边界，也就不会产生此类层级结构。第二点是，在富士幼儿园里，患有自闭症的儿童能够融入群体，很少表现症状。通常情况下，建筑法规要求在教室里摆放一个供自闭症儿童躲藏的盒子，而富士幼儿园的小孩如果不喜欢自己的班级，可

教室中的大树

以自由地去隔壁教室串门。他们也许会躲避，但最后还是
会回到原来的地方——毕竟建筑平面就是一个圆圈呢。如
果小孩还是感到不适应，老师会把他抱到小马驹上玩耍，
问题就会立刻缓解。

　　当自闭症儿童处在一个没有任何噪声的混凝土盒子中
时，就容易体现出自我封闭的倾向；相反，他们在嘈杂环
境中却更容易放松。我认识一位科学家，他发现这种现象
与人所处的背景噪声有关。当自闭症儿童处在 20 千兹的白

噪声[*]背景中时，就不再表现出相关症状。富士幼儿园充满各种各样的响动：推拉滑动门的声音、挪动家具的声音、孩子们在房间中跑动的声音，它们都属于白噪声。你们知道巴厘岛的凯卡克舞（Kecak dance）吗？如果你听这种舞蹈的现场录音，就能在背景中听到飞虫嗡嗡嘤嘤的鸣叫声。当时我们在森林里观看舞蹈的时候可完全没注意到。身处森林时，周围的噪声作为环境的一部分被大脑过滤了。其实这些噪声有 70 分贝，和建筑工地一样。人的心血管系统在工作时也会产生噪声，但它们会被大脑会自动屏蔽——人脑并没有过滤声波频率，而是忽略了声音中包含的信息。

　　还有一位教授研究了屋顶的各种游戏活动，发现富士幼儿园的游戏时间是普通幼儿园的 6 倍。孩子们在平坦的屋顶上不受任何约束，想怎么玩就怎么玩。他进一步研究了儿童运动量，发现富士幼儿园的孩子平均每天要跑 3 英里，显然是极不寻常的事情。这里的孩子都是自发活动的，运动量是其他幼儿园孩子的 8 倍之多。富士幼儿园没有玩具，只有最简单的建筑元素—— 一面稍微倾斜的大屋顶。每天早晨，孩子们在屋顶上不停地奔跑，由于屋顶内倾，无论怎样奔跑也不会产生失控的感觉。富士幼儿园的运动成绩在东京市高居榜首，于是教授问道："究竟是如何训练他们的呢？"老

＊　白噪声（white noise），是指一段声音中频率分量的功率在整个可听范围（0~20KHZ）内都是均匀的，可理解为日常生活环境中自然产生的声音。因为大脑的遮蔽效应，人虽然可听到白噪声，但会自动忽略其中的信息。因此，白噪声可以掩盖对人造成不适感的其他细微噪声。——译者注

师回答："并没有专门训练，孩子们自己愿意跑步。"

没过多久，富士幼儿园又委托我们在主体建筑旁边设计一座校车站和两间英语教室。这一次，我们决定围绕一棵大树来做些文章。英国建筑师彼得·库克（Peter Cook）将这座建筑称为"树之环"。我们在 5 米的高度之内布置了 7 个水平层，每层差不多只有 1.2 米高。我前边提到过，目前的幼儿园设计规范是由比编写的，因此就没有 3 米层高的约束了。

如你所见，大树矗立在建筑正中间。我们将地板做得很薄，同时还试着减小立柱的尺寸，最终做到比树干还要纤细，不至于喧宾夺主。设计成这样子，连自己都觉得不太保险，所以让自家的小孩先去试试。我儿子蹦跳时碰了头，女儿爬树时差点摔下来，因此才知道这些地方容易出问题。

"树之环"

改进方案后，我们邀请幼儿园的其他孩子参加测试。孩子们特别喜欢摸天花板，在别的建筑里他们可摸不到天花板。请看，他们正高高兴兴地排着长队往下跳呢。看起来东京的交通堵塞已经影响到这里了。（笑）

　　有意思的是，你带小孩爬山的时候，绝不会抱怨山上没装栏杆。一旦与建筑有关联，就得四处安装栏杆和扶手了。最近我听到一种"直升机家长"的说法，说父母就像直升机一样全天候监视小孩。富士幼儿园的园长先生曾讲过一段很精彩的话："我们是一所私立幼儿园，您的小孩在这也许会碰伤手脚，但我们保证孩子的精神会越发强健。"

活的建筑（Living Architecture）

　　我接下来要为大家介绍的建筑，位于日本降雪量最大的地区。松之山自然科学博物馆（Matsunoyama Natural Science Museum）是一座长 60 米的建筑，由特种钢材建造。有趣的是，夏天时这栋建筑会发生热膨胀，变长 26 厘米。越后地区冬季降雪特别迅猛，甚至比美国阿拉斯加的降雪量还大，因此我们为建筑安装了厚实的玻璃窗。当地的平均降雪量有 30 米，将水量换算成冰则有五六米厚。此地一周的降雪量就能超过 7 米，可以将建筑物的窗户埋住。有一次，馆长打电话来问道："您确定没有问题吧？" "嗯，我们算过了雪荷载的重量。"我回答说。没过多久他又打来了，这次我说："我觉得应该没有问题吧……"雪一直下个

松之山自然科学博物馆雪景

积雪盖过了博物馆的窗户

不停，馆长的电话又打来了："可是，我们实在是有点担心呢。"大雪埋住了博物馆的窗户，室外光线透过雪朦朦胧胧地照进来，漂亮极了。我们将这称作"安藤忠雄效应"*。透过博物馆的窗户你会看到厚厚雪层下面的另一个世界。小动物和昆虫无时无刻不在雪里刨洞，大家如同在参观水族馆一样。

"网罗之森"（The Woods of Net）是为了安放加拿大籍日裔艺术家堀内纪子（Toshiko Horiuchi Macadam）编织的儿童攀爬网而设计的项目，位于箱根的雕刻之森露天美术馆（The Hakone Open-Air Museum）内。这张彩色的巨网已经有 40 年历史，最近它又火起来了，因此美术馆方面邀请我们为其设计新的展厅。起初，馆方想要一座顶棚高高举起的白色建筑，但我说："把它放在室外才好看，就像蜘蛛在森林里编织了一张大网。"但是馆方表示这样行不通，因为附近的活火山有可能将网融化。因此我们为攀爬网设计了一个能够遮风挡雨的外壳，还得让它看起来像是一个露天展馆。这一点的确很有难度。

雕刻之森露天美术馆位于自然保护区内，因此必须要拿到特别许可才能建房子。我们制作出一个研究模型，大概只有我的巴掌这么大吧，拿着它去环境省**申请建筑许可。

---

　　* 安藤忠雄特别擅长在设计中营造各种光影效果。——译者注
　** 环境省是日本中央省厅之一，负责地球环境保全、公害防止、废弃物对策、自然环境的保护及整备环境等事务，包括废弃物和再生利用对策部、综合环境政策局、环境保健部、地球环境局、水和大气环境局、自然环境局。——译者注

"网罗之森"

我特意解释说，这不只是一栋建筑，还是一座室外艺术作品。整栋房子完全忠实并再现了日本建筑的木构传统，百分之百采用原木制造，不使用一丁点金属零件。环境省的人说："哦！这个主意可真不错！"于是便批准了设计。但我当时并没有告诉他们模型的比例是1：1000。展厅建成之后环境省的人才看到它的真实尺寸，对此着实懊恼了一番。

　　设计"网罗之森"时，我们研究了日本传统建筑中的细木技术。这些木构技术历史悠久，例如京都的清水寺，迄今已经有700余年了。日本目前甚至还存有超过千年的木建筑，木构技术在日本可谓是源远流长。经过研究学习，我们做出了这个分析模型。"网罗之森"的设计方案看上去有点奇怪，好像是随便搭起来的。事实上，看似随意的表皮之下隐藏着严密的理性，各个构件中的剪力和弯矩都达到了完美的平衡状态。我们与结构工程师今川宪英教授（Norihide Imagawa）合作，开发了一套全新的结构算法。今川教授研发的云计算平台能够精准计算出各种不确定因素带来的结果。为了确保建筑荷载能够平均分布，我们为每个构件设计了独一无二的剖面与连接节点。这栋建筑看上去似乎是基于某种 3D 图形设计，实际上它完全是算法的结果。这是一次前沿科学与传统技术的联姻，或者也可以称其为"怀旧的未来"吧！

"网罗之森"并没有直接模仿森林的形态，却能融入其中，与周围环境协调一致。当我们在森林里建造它时，试着将其看作一个活生生的存在，它应该像生物一样呼吸。

建造中的"网罗之森"

堀内纪子设计的彩色巨网是孩子们攀爬玩耍的好地方，他们喜欢在里边寻找自己的通路，于是我想，这也许能算得上建筑的另一种形态吧。我们希望自己设计的建筑也能吸取这样的经验。

"网罗之森"的内部空间

思想的遗产

我猜大家看过一些 2011 年日本东北部海啸的报道。灾难发生后，联合国儿童基金会（UNICEF）援助建设了南三陆町的朝日幼儿园，建设地址选在了当地的大雄寺（Daioji Temple）所属的一处高地之上。

大雄寺的柳杉林被海啸卷来的咸水淹没后全部枯死了。尽管树林本来就种在寺院的土地上，当地政府却想移走树木，将木材焚烧发电。我们坚持认为杉树属于当地人民，应该用这些木材重建他们的家园。这就是我们将朝日幼儿园设计为木结构建筑的原因。

那里的杉树非常雄壮——周长至少有 5 米，高度则有 40 米。朝日幼儿园中所用的每一根梁柱、每一段栏杆，都取自这些树木。1611 年南三陆町发生海啸，当地人在海水退去后种下了这片柳杉林，距今正好是 400 年整。虽说是取自天然，这些树木并算不得完美的建筑材料，树干里甚至有小动物打出的空洞。因此我们必须对木料进行力学测试，找出其中的薄弱点。建筑的柱子非常沉，每一根重达 1.5 吨，截面尺寸达到 600 毫米 ×600 毫米（2 英尺 ×2 英尺）。当你用如此巨大的木料修建房屋时，必须要确保每根柱子的方向与其生长时一致。由于受到阳光与风向的影响，树木生长时会朝一个方向发生弯曲，如果受力方向与木材纤维的曲度不吻合，木料就会劈裂。由于树木根部粗壮而

建造朝日幼儿园的杉树

枝干纤细，木板也被切割为不同的宽度。

令人惊异的是，当地所有的木匠都赶来帮助我们建造朝日幼儿园，因为他们知道大雄寺的杉树印证着当地的历史。木匠们不图回报，只希望重塑南三陆町的荣耀。来帮忙的人太多，致使这一地区其他的建筑只能暂时停工。竣工典礼那天赶来了很多村民，大伙一同吊起了建筑的最后一根横梁。海啸过后，许多失去家人的村民第一次露出了久违的笑容。

南三陆町的夏日十分炎热而冬季又特别寒冷，有时气温会低于 −15℃，因此必须要在建筑上设置深远的挑檐。孩子们就在屋檐之下奔跑玩耍。大人总是说："一定要站在栏杆里边。"但孩子们却总想冒险——这也是对他们教育的

朝日幼儿园

最后一根横梁安装就位

孩子们在朝日幼儿园里学习玩耍

一部分。他们还喜欢在架空的地板下边玩耍躲藏，我小时候也非常喜欢这样做。

大雄寺里有一位僧人很出名，海啸发生时他曾救了当地很多人的性命。平时他就经常告诉大伙："如果海啸来了，你们就往高处的寺院跑。"这位僧人正是朝日幼儿园的园长。他现在看起来兴高采烈得就像小学生一样。

现在日本政府却要沿海岸线修建一道海堤。当地人都不赞成这个方案，大海是他们生活的一部分。不论在哪儿，都会有人因为没注意到涨潮而遇难的，海洋虽然危险，但也为人们带来了财富。修建防波堤并不明智，应当考虑其他的防护策略，但是政府显然没意识到这一点。

我们认为与其试图阻拦海啸，不如让建筑记载灾难的悲苦，为人们敲响长鸣的警钟——如果发生地震，你一定要去高地上的幼儿园避难，因为建造房子的杉树就是被2011年3月11日的大海啸淹死的。富士幼儿园是一条捎给400年后将要遭遇海啸的孩子们的信息，是我向未来发出的警示。400年一遇的海啸似乎暗合了某种轮回：上一次是1611年，这次是2011年，那么由此推断下一次海啸应当在2411年登陆。我们对这一点深信不疑。

有一对夫妇找到我们，希望为自己罹患癌症的孩子建造一处充满人道主义关怀的空间。日本规定接受化疗的儿童必须在医院的隔离区内单独治疗6个月，因为化学药物会杀死人体内的白细胞，破坏免疫系统。作为母亲，自然希望能与自己的孩子待在一起，但从法律的角度出发，她又不该出现在隔离区内。不管怎么说，隔离治疗的孩子都应该由妈妈陪伴，只有妈妈的笑容才能让患儿宽心。虽然，儿童经过治疗后存活率能达到八成，但其中三分之一的家庭会由于隔离区艰辛的治疗经历出现感情问题。因此，我们想试着为此做些事情。历经 7 年的资金筹集，我们终于建成了一所儿童化疗中心，它将在 2013 年 12 月开放。

起初我们打算请求日本的房地产公司捐献几处诊所周围的住宅，让患病的孩子与家人团聚。但医生告诉我们患儿不能在隔离区之外走动，建议将房屋连片组织成封闭的村落。我们也认为将患者的家庭联为小组更妥当，毕竟人多力量更大。于是就做出了这个群落建筑的方案。

现在，每一个家庭都有了独立的房间，患病的孩子可以看到父母和兄弟姐妹正陪伴着自己，完全隔离治疗的时

儿童化疗中心的概念设计

间也减少到原来的三分之二，患儿大部分时间都可以在家庭区接受治疗。如果遇到较为严重的症状，则会转入红门与蓝门之间的无菌室，我们以红、蓝色的门分区控制房间的隔离程度。患者们不必集中隔离在一间大病房里面了，治疗期间的生活因此变得更加人性化。

　　作为建筑师，我们必须要提出一个问题：现在的建筑出版物只关心最新的形式与风格。可笑的是，如果你翻开一本 10 年前的建筑杂志，会发现里边刊登的大多数建筑项目已经被人们弃置了。我们应当设计长久的建筑，那是即便过 50 年、100 年或更久也不会过时的建筑。这是我家的

患儿与妈妈

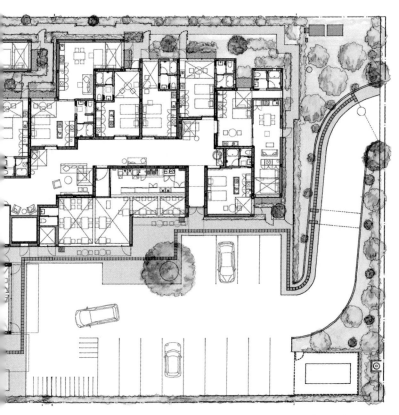

儿童化疗中心平面图

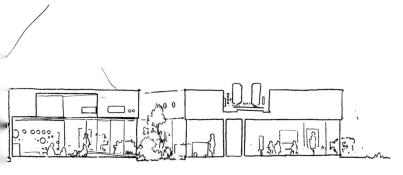

儿童化疗中心剖面草图

手冢一家与他们的雪铁龙 2CV 轿车

雪铁龙 2CV 轿车，虽说性能不是特别好，但这款产品已经
在产超过 50 年了。2CV 是工业史上产品生命周期最长的汽
车，而日本的汽车企业却每年研发新款式。我试图学习这
部汽车的精神。2CV 没有空调系统，但你可以打开天窗透气；
雨天当然没法开天窗了，却可以打开前挡风玻璃上的小孔，
通风效果一样很好；上高速公路前，如果你忘了关闭通风孔，
发动机盖上的雨水就会涌进来淹没驾驶室的地板，但如果
你仔细读过说明书，就知道地台上还有个活门，拔开塞子
就能把水排得干干净净。这辆车能装不少东西，坐起来也
宽敞，我们全家人都能坐得进去。

　　"屋顶之家"的主人曾说："手冢建筑研究所不能百分
之百地满足你的愿望。他们并不完美，但你依然会百分之
一百二十地喜欢他们。"这是我们所收获的最大赞美。我
们是建筑师，也是普通人，无法达到完美的境界。但是
如果你能塑造出让人们喜爱的事物，建筑便能借此存在下
去。建筑不仅是一个物体，它也是事物发生的过程；它
是有生命的，是与人类相互依存的活体，而人类本身也不
是孤立的生命形态：人体内的微生物会影响我们的生命，
而建筑则影响着我们的生活，这是一个相互连通的系统。
我们所做的一切努力，都是为了让建筑融入这个共生的
体系中。

　　谢谢大家。

问答环节

手冢贵晴（以下简称为"手冢"）：有学生提问时间吗？谁提的问题好，我们就送出一份小礼物！

马克·马利根：问题提得好才送礼物啊。

手冢：这本书是我们从法兰克福的一个建筑博物馆带回来的，我们在那里举办过一次叫作"怀旧的未来"的作品展。还有这三本，是手冢建筑研究所的日文版作品集，算作一套。谁想第一个来？大家一定能提出好问题的，对吧？

学生甲：我的问题和色彩有关。您前边提到过，家里每个人都有自己独特的颜色，不同的颜色是每个家庭成员的标签。但在您设计的建筑里，好像没看到这些标志性的色彩。请问为什么会产生这样的分裂？您设计的空间和形式都很有趣，却没有多少颜色。您在使用色彩的时候非常克制。

手冢：我觉得这个问题非常好。马克之前说我们做的并不是"实体设计"，的确如此。当初，主办方希望我们在卡内基博物馆展出一些设计草图和模型，我们拒绝了。我们做的建筑绝不是简单的形体设计，而是想看到人在建筑中的活动与反应。这可能有点抽象，但是你能明白我的意思吧？

　　比如在富士幼儿园里，最鲜明的色彩其实是孩子。今晚大家已经从我的幻灯片里看到了，幼儿园里的小孩子都穿着鲜艳的衣服，的确非常好看。我们与一位平面设计师合作，专门为富士幼儿园设计了小孩的帽子和制服。孩子们才是幼儿园的主题，不能让建筑的颜色喧宾夺主。你知道，如果我们用一个花里胡哨的盘子盛菜，菜肴本身的美感就凸显不出来了。并不是说一定要用难看的盘子——恰恰相反，我是想让菜肴本身看起来更好。

学生乙：我想知道对您而言，建筑叙事、形式、材料和周围环境，哪一点占据最重要的位置？通常您会从哪一点开始考虑？

手冢：叙事和形式？真是个"建筑性"的问题。我刚才讲过，建筑也是一种生物，因此不能套在一个孤立的场地里去理解，建筑自洽的说法也不合适。事实上，这正是你25年前教我的（转向穆赫辛·穆斯法塔维院长）。有时候，也有人问我关于建筑和景观之间关系的问题。要我说，没有什么主要和次要的先后关系，万物都是平等和谐、协调运转的。

　　在印度教徒或是日本人的思想中，有许多条真理并存。正如日本建筑，它们虽然是独立的个体，但并不是孤立存在的。因此我们在讨论建筑的时候，并不考虑"自洽性"或是"完全融入环境"之类的问题。你知道约翰·伍重（Jorn Utzon）

那张描述日本建筑的草图吗？他只画了一个悬浮的大屋顶，但我要讨论的是简洁性背后建筑与周围环境的关联问题。

学生丙：我也参与过一些幼儿园项目，既做过方案设计，也参与制定过建筑规范。我曾与政府官员讨论过幼儿园设计的问题，也向他们介绍过您设计的幼儿园。但是官员们似乎并不赞同，认为建不起来，并且声称他们期望的教学模式在这样的建筑里没法实现。他们需要功能确定的房间，门和窗户等都必须遵循特定的尺寸。

　　我想知道您是否在设计中融合了某些特殊的教育模式。项目最终在儿童的日常教育中起到了何种作用？

手冢：我们也没办法独自解决这些问题。能这样做的原因是由于客户足够强势，他能够说服学生和市政府。事实上，之前我们还做过四个幼儿园，富士幼儿园的园长是唯一能够理解我们观念的客户，他也有能力说服政府采纳我们的方案。

　　说服别人需要时间，无法一蹴而就。但也不能总是等着手续办下来再做事。举个例子：我们设计过一所医院，一直无法获得医疗建筑批文，所以就先按照带有医疗设施的公寓建筑做了设计，建成之后才送到政府报批为医疗建筑。因此，必须按照实际情况不断调整你的计划，有时候要懂得迂回才行。当然了，一个好客户也能帮上很多忙。

学生丁: 我很好奇,您是如何产生"建筑庇佑并支撑了人类"这样感性的观念?

手冢: 我想换一个角度来回答你的问题,先谈一谈我是如何理解儿童的吧。首先我找了女朋友,然后与她结婚,有了孩子。你有了小孩之后,才能搞清他们的行为到底是怎么回事,除此以外别无他法。人只能从自己的经验中学习,年龄越大经验就越丰富,就更能理解别人。

这次讲座之前,我跟几个学生交谈,向他们解释如何判断一碗汤好不好喝。如果你让科学家分析汤为什么好喝,他们会把汤蒸干,分析出里边的各种佐料,但这也不能说明汤好喝在哪。但一位老太太却能告诉你答案!请想象一下,在寒冷的冬天,你的屋子里暖烘烘的,家里人正在里面等你回来。你回到家,坐在一张漂亮的橡木餐桌旁,奶奶说:"我专门为你做了这碗汤。"这些事加在一块儿就会让你觉得十分美味。

看起来很简单吧,但建筑就是这样的。当你以科学方法去实践时,只会关注那个唯一正确的答案,但真理从来就不止一条。因为建筑总是许多因素相互平衡的结果。现在,学生们总想把一切解析得清清楚楚,但更重要的是洞察事物的本质,包容这个世界。

再次感谢你们的到来。

"空之森"诊疗所（Sora no Mori Clinic）的庭院

更胜以往的蓝
——手冢贵晴访谈

格雷格·洛根

　　2013年夏天，我在东京的手冢建筑研究所实习，结识了手冢贵晴先生。与东京其他事务所不同，手冢夫妇避开了表参道（Omotesando）、六本木（Roppongi）等热闹时尚的地段，将自己的事务所安置在世田谷区（Setagaya Ward）风景如画的等等力峡谷（Todoroki Gorge）之中。

　　我在手冢建筑研究所待的时间并不长，但还是被那温暖融洽的气氛深深打动。这里的工作安排通情达理，其人性化程度在其他日本建筑公司中闻所未闻。晚上加班工作时，公司的厨房会为大家准备别开生面的晚餐会（手冢的事务所里有一项传统，将要离职的员工要在最后一天上班时给大家做饭，我也不例外）。房间的吊顶上堆积着成箱的建筑模型，虽然看起来乱糟糟的，但工作起来却也方便。

　　我离开之后，手冢建筑研究所将建筑的一楼也租了下来，总算缓解了三楼的拥挤状况。2015年秋天，我再次与手冢先生会面，就他的工作、灵感与近期创作思维的变化进行了交谈。手冢在事务所的二层接待了我，那里重新布

置了一个图书室，摆了一些精选的模型，还安置了一套和
客户交流用的桌椅（三楼不像原来那么拥挤了，但还是保
持着日常工作的凌乱状态）。那是 11 月某个周六的傍晚，
秋风中已经掺了一丝清冽的气息，我透过办公室的落地玻
璃窗，凝望等等力峡谷的暮色风景。

我首先与事务所的三位成员：泷翠、黄淑琪与奥拉帕·篷
沙理查聊起来。你很快就能发现，这场本来很正式的采访
不一会就变成了朋友和同事之间的轻松闲聊。在手冢建筑
研究所里，同事情谊比烦冗的礼节重要多了。手冢赶来接
受采访时手上缠着绷带，我猜可能是他做模型时不小心割
伤了手。我有点担心，问他伤得重不重。手冢表示完全没
问题，因为根本没受伤。由于担心迟到，他练完拳击没来
得及解开手上的绷带就赶过来了。我常常对手冢旺盛的精
力感到吃惊。他就像一个十几岁的孩子，为了测试自己的
垂直起跳高度非要用手去摸火车站的站牌，最著名的要数
他组织事务所员工骑自行车爬富士山的壮举（当时如果有
人突发心脑血管疾病，那他可就出名了）。

有一次，我们坐火车从富士幼儿园赶回事务所。手冢
从包里拿出一件崭新的蓝色 T 恤套在身上，转过身询问我
的意见。我告诉他看起来挺不错的。听我这么一说，手冢
从包里翻出自己的 iPad，敲来敲去。没一会儿他告诉我：
"我刚才又订了 20 件。"在外人看起来，一次买这么多件蓝
色 T 恤会显得有些古怪反常；对我而言，标志性的蓝色 T

恤却代表了手冢的性格：他是一位精力旺盛、充满好奇心、坚决贯彻自己想法的人物。

本次采访，是对于手冢贵晴发展并坚持自我观念历程的回顾。事实上，我希望能够通过这些文字让读者了解手冢贵晴坚持不懈并发扬光大的创作精神，认识这位正在变得"越来越蓝"的建筑师。

格雷格·洛根（以下简称为格雷格）：手冢先生，非常高兴能够再次与您会面！首先，我想讨论一下您几年前在哈佛大学的演讲内容。在讲座中，您从比较抽象的角度解读了一些建筑作品，也谈到了自己是如何在具体项目中贯彻设计理念的。但是，想要把哲学思想转变成实实在在的建筑，必须要应对各种技术细节和现实问题。我想知道您是怎样弥合这二者之间鸿沟的呢？您是如何从一种哲学或是一个故事发起构思，将其变为具体可用的建筑的呢？

手冢贵晴（以下简称为手冢）：在我看来，人类是一种更宏大存在的组成部分之一，但我们却经常否认这一点。除了我们自身的细胞以外，人类的身体同时也是其他细菌的集合。但是如今，我们周围的所有东西都需要消毒除菌。

最近我们事务所设计了一所专门的妇产医院，叫作"空之森"诊疗所。生孩子是生命延续过程中的一环，也是我们生命中很重要的部分，所以我们并没有将产房设计成完全无菌的状态。不论母亲还是婴儿，其实都是无数微观生命的集合，也是周围环境的一分子。因此我们不想把这栋建筑设计成传统意义上的医院，相反，我们想要做一些尽可能接近自然环境的设计。

"空之森"诊疗所的模型

毫无疑问，我们对卵细胞的处理环节还是做了非常妥当的设计。卵子本来应该处在母体之内，人工授精时需要将其取出来，必须要小心谨慎才行。如果只需要应对产妇本人，那么将其当作自然生态的一部分也无妨。当地政府代表厚生省医政局向"空之森"诊疗所发出了好几次投诉，他们认为所有的诊疗房间都必须设置在室内，并且以为这所医院是因为没钱才会如此大开大敞。事实并非如此，这样做的唯一原因是我们认为开放的环境对病人更有益处。

格雷格：您的意思是，建筑师必须真正了解人的身心特征，创造能为人带来欢乐的空间，而不是设计漂亮新奇的标志性建筑？

手冢：设计师们现在有了性能卓越的计算机，还有 3D 打印机，这些新技术足以支持设计者的任何设想与创意，但身为建筑师的我们却对一些更重要的问题失语了，例如——人的意义究竟是什么。如果与幼儿园园长谈话，他可能会问你："你做的设计对孩子有好处吗？"假如你一开口就和他谈论建筑的几何学问题，对方一定会认为你疯了！这根本不是他们想要的。我们当然可以设计形式优美的建筑物，我并不反对造型设计，但首先要满足切实的建筑需求。手冢建筑研究所并不是在努力"做建筑"，而是尝试尽力去理解别人的需要，这一点非常重要。我的意思是，在设计中应当将人类视作某个更宏大存在的一部分去理解，建筑只是人类与周围环境的纽带。我们就是从这样的角度来看待设计问题的。简而言之，要开放而不是自闭，要拓展故事而不是给故事写结尾。

格雷格：我对您刚才所讲的微观生命理论很感兴趣，这个观点有一种动态的张力，使我想起了丹下健三先生的绳纹与弥生理论。*您的说法很有绳纹时代的原始意味。我在您最近的一些作品中也发现了某些非常原始的意象。但是话说回来，您的大多数作品都非常干练精确。

手冢：是的，有时候我也必须要"弥生"一些。

格雷格：您写过一本书，书名是《怀旧的未来》，这个题目很有意思。怀旧是要人回顾过去，而未来则是向前方展望。我很想知道您如何调和二者的关系。您认为自己是怀旧之人还是一位未来主义者？抑或二者兼有？我知道您非常喜欢绘画，也会经常在 iPad 上作画，您是手绘的怀旧派还是用 iPad 绘画的未来派？我想知道您对于过去和未来的见解，在建筑创作中您如何处理这二者的关系呢？

---

* 现代主义建筑师丹下健三认为，日本建筑是两种原始美学相互融合的结果（绳纹时代与弥生时代都属于日本早期历史）。绳纹时代属于狩猎采集时期，这一时期的艺术体现了动态与本能；相比而言，随着农耕文明发展和粮食储备的增长，弥生时代的艺术则显示出更多逻辑与理性。

手冢："怀旧的未来"这样的标题确实有一点戏谑的味道。但我的确认为过去、现在和将来并不存在本质上的区别。人类已经在地球上生活、建造很长时间了，建筑的历史与人类自己的历史一样久远，有种说法是人类在学会建造之前只能算是猿猴。

眼下大家却只谈论下个月或是明年将会发生的事。雷姆·库哈斯（Rem Koolhaas）又说什么了？ MVRDV 最近在做什么？ BIG 最近做了些什么？石上纯也（Junya Ishigami）又做了点啥？这些话题与我毫不相干，对我没有任何意义。因为我们是在为下一个 50 年、下一个 100 年设计建筑。请想想 50 年前人们的生活状态，你能预测出我们如今的生活吗？你知道理查德·卓别林（Charlie Chaplin）导演的电影《摩登时代》吧？在他的设想中，我们将会活在由巨大蒸汽机控制的机器世界，但是这并没有发生。现在你看不到巨型齿轮，也没有汽车从你头顶飞过去。电脑问世以后，电影导演们认为未来世界将被电脑主导，也有很多人认为计算机辅助设计是未来世界存在的基础。然而这些都不能算作真正的进步。未来并不是一个乌有之乡，它存在于我们自身。理解这一点非常重要。

格雷格：话虽如此，但想象未来还是非常有趣的。我听说您是《星际迷航》（Star Trek）* 的超级粉丝，对吗？

---

* 《星际迷航》是美国派拉蒙影视公司制作的科幻影视系列作品，由 6 部电视剧、1 部动画片、13 部电影组成。经过近 50 年的不断发展，成为全世界最著名的科幻影视系列作品之一。——译者注

手冢：的确如此！

格雷格：这部作品表层上表现未来的科幻剧，但是整个系列中都包含着人性、探索与相互理解等普遍性主题。您有没有从这部作品中得到启示呢？

手冢：啊，没想到会有这样的问题。（大笑）《星际迷航》系列中最吸引我的创意应该是全息甲板（Holodeck）。你可以用它在室内创造出任何想要的环境，这与迪士尼乐园完全不一样——迪士尼乐园中的场景只是好看，但全息甲板的场景却有很强的交互性。我认为《星际迷航》中有些概念非常有趣，让我理解了在平行宇宙中未来和过去是并存的，也让我认识到尽管时空变迁，人的本质却不会改变。

格雷格：我发现您对科学怀有一种矛盾的情绪。您在讲座中强调科学的方法并不能判断一碗汤是不是美味，还表示味道是人在此时此地的内化感受，但同时也强调了基于科学的理性设计，例如您从人类生理学的角度对巴厘岛的背景噪声进行了科学分析。毫无疑问，现代社会离不开科学，但我更喜欢您之前所说的"人性恒久不变"这句话。这也许就是您对科学有所保留的原因吧？您是否认为科学的底线就是人类的福祉？

手冢：没错。

格雷格：如此而言，我相信手冢建筑设计的出发点是为了照顾用户的独特需求与福祉。看起来那些富有远见与创造性的项目——比如在屋顶生活或者是布置在室外的诊室，都是基于客户的独特需求。与此同时您还需要通过艰难的谈判说服政府，让他们相信方案的可行性。

手冢：是的，但我并不是要对抗他们。我更喜欢跟他们喝酒聊天。（笑）

格雷格：这也许是每一个具有开创性的项目都需要面对的问题吧？也许正是因为超越了常规认识，才使创新行为充满吸引力。能得到这么多的项目，说明您十分了解客户需求，而政府官员也会因您独特的魅力而被说服吧？

手冢：我并不是要说服别人按照我的观点去看待问题，而是在寻找最优的解决方案。我们每个项目都源于与客户的对话交流，有时候能说到一起去，但有时候也谈不拢。无论如何，对我而言最重要的就是尽量与他人交流。有些人会问："你为什么要举办那么多讲座呢？"我的确不轻易拒绝讲座邀请，但并不是为了向别人宣传自己的故事。当我去中东和南美做讲座的时候，接触的人和日本人完全不同，他们的思维方式对我很有启发。通过广泛交流，我能接触不同的观点，探索不同的途径，不论到哪都能找到很多有意思的人。我发现这个世界中的大部分人都是通情达理的，很少有人完全无法理解我的意思。

当然，总有人喜欢夸夸其谈唱反调。现在很多人只肯说政治正确的空话。例如有人提倡应该在屋顶上种树，但要解决环境问题和经济体制问题哪会如此简单呢？只要看到屋顶绿化，这些人就会说："哦，这真是个绿色环保的建筑。"我认为大家对于环保问题的讨论应当更审慎才对。

大家都说："LED 灯当然比白炽灯好多了。"最近有些报纸和政府部门也在鼓吹废止白炽灯。作为专业人员，我们必须要说，这是一种以偏概全的错误认识。政府和相关部门会受到少数人为炒作的舆论影响，其中的观念并不具有普遍性。我的角色要求自己站在大多数人的立场，像他们一样去思考、去感受。

格雷格：我记得有这样一种说法："忽视差异性是很危险的。"就拿您设计的"屋顶之家"来说，大家很容易就会产生"怎么会有人在屋顶生活呢"这样一概而论的观点吧？

手冢：的确如此。我认为正视现实的多样性非常重要。如果你不接受差异，又何谈文化的多样性和意义呢？

泷翠：看来您把话题转回到思想的根源。您曾说与不同的人交流碰撞可以帮您不断检验自己的思想，了解各种各样的价值观。但我还记得您也说过，应当以不同的价值观去应对差异化的世界。似乎您将思想存放在很多抽屉里，面对不同的客户需求就打开特定的那一个。为您工作的这几年中，我发现您的建筑知识真的非常广博。

手冢：纠正一下，是"与我合作的这几年中"。

泷翠：对，这样说更恰当。一开始看不出来，过一段时间你才能发现他深厚的学识。我真搞不清他到底有多少个抽屉。（笑）

格雷格：这就引出了一个关于设计风格的有趣问题。您说自己对多样性很感兴趣，却常常使用某些特定的形式与材料，很多作品都是圆形或椭圆形的，并且对木材情有独钟。您在教育建筑中经常采用类似的设计语言。

手冢：你知道，有时候我在日本之外的国家演讲，就有人问"怎样才能让自己更国际化？"或者是"我如何才能出名呢？"我不太确定自己的知名度够不够格去解答这些问题，但我确定首先必须要找到自我，因为每个人都是独一无二的。即便双胞胎兄弟也会因为经历不同而有所差异。

也许会有一个人会跟你很相似，但天性、禀赋归根结底还是不同。你首先要明白自己的特点，才能设计独一无二的建筑。如果某人专门找你做设计，说明他们不想要那些随处可见的房子——他们就是冲着你的风格来的。因此我的作品多少会带着一些类似的特征吧。说来也怪，我接触的人越多，就更加坚持自我。

格雷格：是因为越来越自信的缘故吧？

手冢：并不是自信，而是越来越了解自己。自信意味着感觉比别人有优势。我的意思是自己变得比以往"更蓝"了。（笑）

格雷格：说起"手冢风格"，我首先想到的一个词就是"简约"。我记得自己曾为"空之森"诊疗所做过几个细部模型，其中有一个我自认为已经很简单了，您却拿起来就拆，还说："做得太复杂了！"此外我觉得"简约"和"极简主义"并不是一回事。极简主义是一种美学模式，纯粹的表面往往掩盖了某种含糊不清的混乱；而简约是一种基于渗透美学与建构过程的组织方法。为什么简约对您而言如此重要呢？

手冢：嗯，我追求的简约并不是简约之美。应该说是一种痴迷。

格雷格：痴迷是指?

手冢：别人都说我做事很执着。我一旦开始就停不下来。举个例子，小时候我曾经连续好几天不停地弹钢琴，从早弹到晚，只有吃饭的时候才肯消停一会，最后被妈妈从钢琴上拉下来。我就是这么一个人。开始做设计的时候，就得努力搞清楚自己到底要做什么，对吧? 我是说我们做的事情其实并不简单。这世界中的一切事物都是极其深刻的。你看过查尔斯·埃姆斯（Charles Eames）与雷·埃姆斯（Ray Eames）导演的电影《十的力量》（The Powers of Ten）吗? 这部电影从人类尺度讲起，逐渐发展到宇宙的宏观尺度，最后微缩到细胞和原子的微观尺度。人类建筑正好处在中间，在这个维度中你能看到无穷丰富的存在，你必须要贴近作品才能体会到其中的深意。这就是我们的建筑看起来非常简约的原因，但它们一点也不简单。

格雷格：看起来您的专注力将您引向了一个极其孤远的目标。正因为如此，作品中叙述的内容才能连贯而一致，而不至于嘈杂忙乱。这样说对吗?

手冢：你知道，有人说我就像是一个单细胞生物。有一次，某位建筑师朋友说他无法理解"屋顶之家"的设计——如果想要欣赏室外的景色，直接坐在田地里不就得了么? 我告诉他，"屋顶之家"的设计可不是仅仅坐在屋顶上那么简单。首先得计算适合人坐下的最佳倾角，然后还要建造一堵高度恰当的墙体来维护私密性，再摆上一张长桌，这样业主才能在屋顶上聚会。我还要在屋顶设计厨房、洗手台，并且想办法开洞，让人爬上屋顶。也许业主夏天还要在屋顶冲凉吧，那么还需要一个淋浴喷头；屋面的木材也要仔细挑选，如果做成金属屋面，夏天会热得坐不住。看起来只是一个简单有趣的想法，实际上你得讨论并且解决一连串问题才行，一点也不简单。还要申明一点：我可不是单细胞生物。

格雷格：这正是我一开始提到的问题。在"屋顶之家"的案例中，您展示了建筑师基于用户需求而做出的一系列措施：屋顶的坡度、屋面的选材、为了开展家庭生活而在屋顶上设置的各种功能。总之，您自始至终都围绕着以人为中心的设计观念。

手冢：要知道，整体的多样性是由个体的独特性支撑的。要做设计就无法完全保持中立。你在一栋建筑中能做的事情非常有限，因此一定要赋予个体鲜明的特色。如果每个单独的个体都是中性灰，那整体看上去就会暗淡无光。如同修拉（Seurat）的点彩画，每一次笔触都用上了漂亮的颜色，每个点都与众不同，最终却能展示出一副清晰的整体画面——这其实就是城市了。作为建筑师，我的确希望自己能做出独一无二的设计。

在讨论城市问题的时候，就得换一种思维——我们应当认识到人在城市中的活动非常复杂多样，此时就不能追求唯一的独特性了。目前我们正在设计一栋位于东京涩谷（Shibuya）的高层建筑，在这个项目中我尽量回避建筑师的思维方式，更希望能以规划师的视角思考。那栋建筑中，每天将会有十万人进进出出！我不想对这栋建筑强加干涉，就算是大楼里的餐厅在门口安装摇来摇去的龙虾广告牌，我也觉得高兴。我不抵触这些，城市就是这样多元化的。总而言之，设计大体量建筑的时候我并不想把控一切因素。

我从浜野安宏（Yasuhiro Hamano）那里学到了这些知识。他是一位非常有趣的人，曾经指导过我，正是由他牵线搭桥，我才接到了第一个设计项目。浜野安宏在规划界是一位举足轻重的人物，你一定听说过东京原宿（Harajuku）的竹下通（Takeshita-Dori）和猫街（Cat Street）吧？都是他设计的。他涉足的领域很广泛，在时尚界都有很大的影响力。总体而言，浜野安宏是一位擅长将各种元素安排在一起的组织者，对探讨人类与城市的根本性问题怀着极大的热情，教会了我"城市最重要的就是多元性"这样的观念。浜野安宏曾多次告诫我们，让一位建筑师设计一大片街区是很有问题的事情。

格雷格：是的。企业园区或者总体规划如果交给一个人来做，就会显得缺乏变化、呆板乏味。

手冢：正是如此。回到我们之前的讨论：我为什么要追求独特性呢？这取决于项目的规模和尺度。如果只是设计一栋住宅，那应当是小而独特的，因为是为一位客户所做的特定设计。设计一栋三千人的公共建筑就难多了，要应对各种复杂的需求；如果是巨型建筑，例如我们目前为涩谷设计的综合体每天要接纳十万人，就得从多元性的角度做出考虑。总之要从大处着眼。

格雷格：您是如何处理工作的？如何在办公室里分析、解决各种重要问题？怎样将所有这些观念整合在一块儿，并组织成……该怎么说……组织成"建筑"呢？刚才我们已经讨论过，您是一直以人为出发点来考虑设计的，但是接下来该做什么呢？

手冢：关键是教会别人——不可能什么事都自己解决。我想包办一切，但这是不可能的。话说回来，也不能让自己这么忙，整天做设计就没有时间生活了。所以我得把身边的人教会了才行，这也是我坚持教学的原因。教授的收入微不足道，我的月薪还不够支持事务所半天的开销，但这很重要，因为会有更多人理解我的思想。我在事务所里会尽量跟年轻建筑师多交流，虽然时间很紧张，但总有人能一点一点理解的。你也知道，泷翠已经在我这里工作很久了。对年轻人言传身教虽然耗费精力，但他们一开窍，就能给你带来惊喜。

我开办了自己的事务所后，就决定不再单打独斗了。起初我跟妻子由比搭档，一同分享各种观点。后来我们接到了第一项工作，打算雇些人，却没有足够的资金。于是就和锅岛千惠（Chie Nabeshima）与武井诚（Makoto Takei）合伙，你知道他们的 TNA 事务所吗？最后大家平分了设计费。当然，我和由比两个人也完全做得下来，但自己的见解毕竟是有限的。刚才我说过，不能闭门造车地独自做设计，我经常在与别人交流的过程中得到启发，事务所的员工也常常为我带来灵感。

教育在我的生活中占据了非常重要的位置，我是从理查德·罗杰斯那里认识到这一点的。理查德·罗杰斯本人并不是最好的制图员，但他才思敏捷，也善于交流沟通。有一次我们做建筑方案竞赛时，他为大伙端来了一大盘冰激凌，每位员工都有份！他能想到为我买东西，令我十分感动。他经常和事务所里的年轻建筑师出去吃饭，一对一单独交流。这些经历对我的影响太大了。通过交流，我逐渐懂得了理查德的为人之道，现在也努力在自己的事务所中贯彻他为人处事的方法。我原本打算一直在理查德的事务所干下去，但是没有拿到绿卡，只能返回日本。虽然只在那里工作了四年，但是学到的东西却令我终身受益。直到现在，我还是认为理查德·罗杰斯事务所就像是自己的家。

手冢夫妇与理查德·罗杰斯

格雷格：您提到了自己的妻子由比。我想知道你们是如何分工的。我知道您会在设计阶段与她协作，但具体过程是怎样的呢？会坐下来一起探讨设计吗？

手冢：事实上，她能够代表我内心中更好的那一面。你明白我的意思吗？这很难说清楚，但我做设计的时候必须要收敛一些，因为我的个性不能让自己变得更好。我的方案总有过于个人化的危险。虽然我特别擅长画草图和做模型，方案做得也快，但这也导致了不少错误的决定。有时候，虽然方案看起来很棒，但我自己知道实际上不该如此。由比善于发掘每项设计中的精神内核，我必须要征求她的意见。就在昨天，我还给她看了自己新做的模型，我说："这个设计太绝妙了。"

由比说："嗯，只是看起来不太糟糕而已，我觉得这部分应当设计得再高一点。"

"但模型已经粘好了！"我回击道。

"不行，必须得改。"她抓起一把模型刀，说道："排水有问题。"

我赶紧说"别着急"，然后剪开模型，"现在怎么样？"

"好吧……现在看起来还不错……的确好多了。"

我们俩就是这样交流的。

格雷格：真是太生动了。我们谈到了家庭，您是如何看待家庭的？我知道令尊也是一位建筑师。

手冢：是的，是一家大公司的建筑师。他曾申请到奥斯卡·尼迈耶（Oscar Niemeyer）事务所的工作机会，但是为了照顾家庭，最终还是放弃了。父亲年轻的时候，可是作为联合机构的首席建筑师，跟着吉村顺三（Junzo Yoshimura）先生一起修建过皇宫的。*那时候，吉村事务所的规模比我们现在还小，所以政府要求几家建筑公司联合组成一个更大的机构，负责修建皇宫的项目，而我父亲正是设计团队的负责人。之后他也一直与吉村顺三先生保持着联络。

格雷格：在您成长的过程中，家里有没有专门为您开发一些创造性的活动？还是任凭您尽情玩耍？

手冢：这就要从头说起了。我家的住宅就是父亲的设计作品，我在那里面长大成人。那栋房子看起来很接近吉村顺三的风格，但手法不如吉村老道。对我来说已经很厉害了。（笑）而且我家到处都是建筑杂志。父亲当时正在日本的一家建筑杂志社工作，是《空间设计》（Space Design）吧。我现在还存着一本《空间设计》的创刊号呢。那时候，父亲做完项目后会把模型带回家保存起来，摆得到处都是，我就拿它们当玩具。家里还有一本关于皇宫图纸的书，我

---

* 皇宫位于日本东京市，1945 年遭受空袭并焚毁，之后重建。1964—1968 年日本政府选择建筑师吉村顺三的方案，为皇宫添加了一栋用于举行正式庆典和接见宾客的建筑。——译者注

手冢贵晴与父亲

经常翻看，还尝试着搞清书中的设计方案。当时我上小学，却知道二楼有多少个楼梯，熟记了每个房间的名称，还明白灯笼与墙壁的细部设计。这些事情对于一个小孩而言还是很不寻常的。

　　尽管如此，我并不是一个学习成绩特别出众的学生——当然也不算很糟，属于公立小学里的普通孩子吧。上初中的时候，我被推荐进入东京都市大学（Tokyo City University）附中，是免试入学的，因此比较轻松。之后我进入东京都市大学建筑系，发现自己与周围的同龄人完全不同，有位教授建议我去国外继续深造，于是就试着申请了常春藤盟校。我向宾夕法尼亚大学、哈佛大学、普林斯顿大学和麻省理工学院递交了申请书，只有你们哈佛大学拒绝了我（笑），可能是由于 GRE 成绩不够高吧？最后我拿到了宾夕法尼亚大学的奖学金，当年宾大风头正劲，所以就去了那儿。事情就是这样的。我的父亲为我创造了很好的环境，但他从未要求我做建筑师，只是告诉我设计建筑是一个辛苦的工作。

格雷格：您在宾夕法尼亚大学留学的时间不短，还在理查德·罗杰斯手下工作过，但最终还是回到日本。您认为国外的设计经验是否补充了您在日本学到的建筑知识？

手冢：你知道，我永远都是日本人，但是当我们开设事务所的时候，我并没有感觉自己在做"日本式"的设计。一

宾夕法尼亚大学演播厅项目模型

位访日的意大利记者采访了我，他当时正在写关于缘侧住宅的文章。他说道："你真是一位地道的日本人。"就算当时他讲了这样的话，我的内心却对自己说："哦，也许我的确是日本人吧。"那是我第一次感觉自己在做"日本式"的设计。当然，我是在这里长大的，日本的文化和传统都深深印刻在我的基因里，但也许我跟大家并不是一个类型的，尤其是大部分东京人，我跟他们不一样。

格雷格：是因为海外生活的缘故吗？

手冢：是的。但是还有一个原因：我的老家在佐贺县，那里的建筑对我也产生了很大影响。我祖父有一所住宅，那

宾夕法尼亚大学演播厅手绘效果图

栋房子与环境的关系非常有意思。这些都对我影响颇深，让我与众不同。刚才也提到了，由于父亲的缘故，我从小就接触了很多事物。所有这些原因加起来，就使我与众不同，但不管怎么说，我还是一个日本人。我的作品能展现日本的风格，令我深感自豪。

格雷格： 对您而言，日本风格究竟意味着什么？是一种建筑风格吗？是感性的体验，还是对材料和气候的回应？抑或是所有这些因素总合的结果？

手冢： 你这个问题就好像在问："你的脸哪一部分长得像是日本人？"眼睛、嘴巴、鼻子协调起来才能构成人的面貌，不能只说哪一部分像日本人。答案也许是非常深奥的。

泷翠： 我想提一个问题。我读过关于您的报道，也看过您的著作，甚至也跟着您工作了这么长时间，我知道您有一套非常清晰的设计哲学，处理建筑的方法也很独特。以您目前的年龄和取得的成就，不能再被归为青年建筑师了（大家都笑起来）。我是说，您已经很有声望了。那么您的这一套设计哲学是在年轻时就创立的吗？您是否在二三十岁的时候就拥有了自己的观点，还是经过20年的讲学与交流才逐步确立了这些观念？您的设计哲学究竟是怎么建立起来的？

手冢：我不知道自己是不是像你说的这么有思想，泷翠。我在你这么大的时候，一想到哲学问题就很头疼。也许20年前的自己和现在是完全不同的吧，10年之后的我也将会完全不一样。我听说槙文彦（Fumihiko Maki）先生年轻的时候魅力十足，现在他可是一位沉静又威严的老人。真希望有一天能变成槙先生那样，那就太好了！（笑）但我的个性从来没变过。再过几个礼拜，我就要参加小学同学组织的年终聚会了，他们每次都对我说："你和6岁的时候一模一样，真是一点儿都没变！"个性没法改变，但处事的哲学会随着时间而变化。就算成功的希望再小，我也从不放弃任何机会。在别人还踌躇不决的时候我就能够下定决心，就算最终无法赢得项目，至少我也能收获经验。最重要的是保持积极的心态。随着年龄的增长，处世哲学也是会变化的。

黄淑琪：您一直说哲学思考只有通过时间的磨炼才能积累，年龄大了，思想才有深度。那么像我这样的年轻人该怎么办啊？（笑）

手冢：没关系，年轻人总会成长的。

黄淑琪：那换个说法吧，您在我这个年龄的时候在做什么？

手冢：忙着交女朋友啊。（笑）我结婚很早的。25岁的时候我刚从宾夕法尼亚大学毕业，正要搬去伦敦。那时候我能找到各种各样的乐趣。

泷翠：我也有同感。关键是要去体会别人的想法，关注他们关心的事情。我想这就是手冢先生刚才所说的"积累经验"的意思吧。并不是非得交男朋友或是女朋友，只要有人能和你分享一段时光，就一定会有所收获。

格雷格：对。与他人的交流越丰富，就越有同理心。

手冢：没错，正是如此。我在遇到由比之前只会考虑自己的事情，比如我想要什么，我想成为什么样的人。但是我们在一起后，就总会挂念她在哪里。

黄淑琪：由比女士听您这么说一定会很开心！（笑）

手冢：因为她是个路盲，经常迷路啊。

泷翠：是啊！前几天她还差点走错了。那天我们要去参加一个会议，她突然就拐到岔路去了，手冢先生揪住她的大衣叫道"走错路了！"她只是笑着回答"噢！"

手冢：虽然差点迷路，但也挺有意思的。牵挂别人让自己也变得不一样了。由比拓展了我的视野。

泷翠：还有一个问题。现在花样繁多的采访、报道、理论和著作充斥着各种媒体，我们年轻人都被搞晕了，真的很难找到自己的路。以前建筑领域还不像现在这样困难和复杂吧？能不能给我这样的年轻人提一些建议呢，怎样才能在信息泛滥的社会里找到自我？

手冢：事实上以前就存在类似的问题：20年前我们开办了自己的事务所，当时的学生和现在没什么两样。有一位建筑师让我跳出了种种困扰，始终保持专注。他的名字叫作高桥靓一（Teichi Takahashi），是位非常出色的设计师。高桥先生很擅长使用混凝土，由比的父亲正是高桥事务所的第一位雇员。

　　从那时候起，我们就和高桥先生保持了密切的关系。我与由比结婚时，他还特地参加了我们的婚礼。他简直是完美的人，可称得上是手冢建筑研究所的教父。高桥先生总对我们说："在你真正把工作干好之前，不要考虑出名的问题。踏踏实实地做设计就行了，设计出让自己感到骄傲的好作品，别管媒体是怎么说的。"

　　他说的话太有道理了。认认真真地工作，别人才会理解认同你的作品。举个例子：我们跟其他事务所不同，不太热衷于参与大型项目的设计竞标，我们更乐意集中精力做中小项目，不论是多小的建筑都会全力以赴地设计。你可以先设计一个卫生间，如果做得好自然就有机会接到下一个项目。不要让杂志和互联网分了你的心。唯一重要的就是始终如一地做好设计。

格雷格：为了达到这个目标，您是否能为年轻的建筑师提供一些建议？如何才能培养出建筑师的直觉呢？建筑师的工作之一就是在短时间内搞清状况并且迅速做出决定，因为没有时间做得面面俱到。你必须要凭直觉感受各种信息和要素。我们怎样才能迅速做出可靠的判断呢？

奥拉帕·篷沙理查：《思考，快与慢》（Thinking Fast and Slow）里边也提到了这个问题。你听说过这本书吗？书中谈到两种思考的方式：缓慢思考是分析信息的过程，同时还将以往的经验结合起来，二者统合后得出结论；快速思考则是凭借直觉作出判断。一个完整的决策一半缘于经验，另一半则基于直觉。您刚才的问题是这个意思吗？

格雷格：是的。没有工作经验的积累就没法快速决策，你必须要让工作经验变成大脑的直觉反应，需要的时候这些知识自己就会冒出来，你立刻就能作出判断。

手冢：决策与直觉并不一样。决策是基于计算与推演，是利用经验和知识对情况做出的分析。不论一个人的经验有多丰富，他都希望能尽快找到答案。直觉却不一样，潜意识会帮你做出选择。如果我的学生凭直觉做出判断，我会询问他们这样做的理由。寻找思维的因果关系是一个不可或缺的过程，最终决策则是经验与直觉之间平衡的结果，人类的思考方式就是这样的。不少人觉得我能快速找到思路是因为我凭直觉做事，其实并非如此。很多思维都是源于经验的日积月累。实际上，由比的直觉比我敏锐得多。

泷翠：说得对。

手冢：我平时喜爱写写画画，通过草稿我能得出一些相近的答案，一般而言不会超出自己的预期，有时也能得到一些意外收获。前几天我设计了一个屋顶，由比拿起模型刀裁开以后翻转了180度，然后建筑的整个外观就完全不同了。她做这件事靠的就是直觉。但一定要记住，你没法改变自己，只要我活着就一直是这个样子。所以你问我"怎样才能让直觉更敏锐？"如果要回答这个问题，除非把我回炉重造才行。

泷翠：您在上课的时候总会给学生讲一些故事。为什么要这样做呢？您试图通过这种方式告诉学生什么信息呢？

手冢：假如开口就讲抽象的概念，恐怕没有几个人能跟你对话。但如果是以讲故事的方式表达观点，思维就变得形象起来了，这样大家都能听得懂。每个人都讲过故事。我也希望能有更好的方法，但讲故事恐怕是最有效的了。也许我天生就是一个会讲故事的人吧，有意思的是，我儿子也是个讲故事的能手。

格雷格：这也正是您讲座的组织结构。通过一系列的故事来讲述不同的作品，方案的思想和内涵都包进故事里了。您是如何一步一步持续前进的呢？有没有什么特定的长远目标，还是每个项目都是单独考量的结果？您是否做过其他类型的调查研究？手冢建筑研究所的未来会是什么样子？远期的计划是什么？

手冢：我想设计几栋能屹立 400 年的作品。最近我一直念叨这件事呢。

格雷格：在日本建造 400 年不倒的房子可不容易。

手冢：没有关系。你可能知道我们在南三陆町做的项目。上一次海啸是 1611 年发生的，这一次是 2011 年，正好是400 年整。我们永远也不知道 400 年以后的建筑会变成什么样，因此要建造经久不衰的房屋是一个很困难的目标，但我愿意试一试。一个人一生中能取得的成就是微乎其微的。也许我们最大的成就是养育小孩，他们也会有自己的后代，子子孙孙繁衍不息，最终他们将会构成未来的社会。即便是杂志和互联网上刊登报道的著名建筑，也许不过二三十年就废弃了，但是请看巴黎圣母院，建筑师并没有把名字刻在墙上，建筑只是其居住者的仆人。我想设计长久的建筑，一直照顾在里面生活的人。也许这个愿望根本就是不切实际吧。目前我已经完成了150多个建成作品，真希望能有一两个长存下去，能够屹立400年不倒，这就是我的愿望。要实现这个目标，一方面是建造坚实稳固的房屋，另一方面是把自己的观念传递下去。刚才我也提到，能做大学教授对我而言是非常重要的事，让我能把自己的思想传授给学生。我相信自己已经教会了一些人，他们因此变得不一样了。这或许不是你预期中的答案，但我要说的就是这些了。

朝日幼儿园的园长

后记

托马斯·舍曼

2015 年春季，我获得了哈佛大学的弗雷德里克·谢尔登旅行奖学金（Frederick Sheldon Traveling Fellowship），有幸前往日本研究当代木构建筑，探寻木构建筑与可持续林业以及木作工艺之间的联系。在整理相关案例的时候，我注意到了手冢建筑研究所在 2012 年设计的朝日幼儿园项目。对这栋建筑的钻研，使我重新回忆起手冢贵晴在哈佛大学设计学院所做的讲座。在那场题为"超越建筑"的讲座中，我第一次听说了他用巨大的杉树建造幼儿园的故事。手冢建筑研究所将南三陆町的地方文化与灾后环境条件并联起来，做出了非常精妙的设计。

我很想去朝日幼儿园调研，于是就联系了哈佛大学设计学院的同事格雷格·洛根。他曾经在手冢建筑研究所工作过一段时间。经过初步讨论，事务所方面表示，由于政府要抬高南三陆町的地坪高度，正在幼儿园附近进行大规模的土方填挖工程，因此近期难以组织调研活动。由于施工的缘故，朝日幼儿园已经暂时关闭并限制进入。大海啸已经过去 4 年了，南三陆町的铁路与公路交通仍然受限，渔港和商业区还未开始重建。

经过数次联络与讨论，手冢贵晴热情地邀请我在 2015 年 3 月 20 日与他的设计团队一道前往朝日幼儿园，参加关于幼儿园扩建的研讨会议。我们一大早便在仙台火车站会合，搭上了一辆从宫城县开往南三陆町的厢式货车。我们行驶了两个小时后到达目的地，终于有机会调研朝日幼儿园了。我还见到了大雄寺的那位僧人，他在项目规划时也发挥了巨大作用。本文基于调研，详细记录了当天的采访与对话内容。

在 2011 年 3 月 11 日海啸发生之前，南三陆町共有三千位居民。4 年后，只剩下大约一千人还留在这里。有一些居民在海啸中罹难，更多的人失去了一切，不得不去日本其他地方谋生。大雄寺的僧人说："邻里关系是很重要的，现在邻居们都不在了，人们的生活跟以前完全不同了。"他表示，虽然大多数居民都找到了临时住所，但最困难的是人们失去了以前的生活圈子。

一般而言，在巨大灾难之后（如 2011 年日本东北部发生的地震和海啸），人们会选择临时性的规划和建筑项目来重建灾区。手冢贵晴却提出了不同的主张，即重塑当地的社会价值与人类尊严的长期重建策略。为了抵制在灾区修建临时建筑的趋势，手冢贵晴并不避讳当地周期性发生海啸的历史，他充分发掘了当地文化，开发出与之呼应的设计与材料语言。虽然朝日幼儿园是作为临时建筑而被资助的，却体现了手冢长期重建的策略。

手冢建筑研究所并不想否认宫城县发生的灾难，但他们想要强调当地居民的智慧，这里的人已经学会如何在周期性自然灾害中生存。手冢说："我们不打算阻挡海啸，而是想通过建筑讲述一个故事。"通过了解朝日幼儿园对数次海啸隐喻般的记录，居民们可以发现自己与这片土地、与祖先的深厚联系。虽然联合国儿童基金会最初要求手冢建筑研究所设计的是一所临时幼儿园，朝日幼儿园却以一种独特的方式提出了永久性的问题。正如手冢所说："长远来看，投资临时建筑实际上是浪费资源。"无独有偶，大雄寺的僧人也认为应该考虑孩子们对建筑的长期需求，力推将朝日幼儿园作为永久建筑来设计和建造。海啸发生之后，幼儿园临时占用了当地一所社区服务建筑，那里有传统的滑动门和榻榻米地板。虽然并不符合政府对幼儿园的规划要求，但这样的空间却让孩子们非常高兴。可滑动的纸门是房间里唯一的分隔，手冢决定将这个要素带入新建筑的设计之中。

受到日本木构建筑传统的影响，幼儿园的设计施工充分利用了当地巨大的杉木，所有木材接榫位置没有采用金属连接件，而是使用了木楔。由于当地大部分的木工店都被海啸摧毁了，木材的铣磨、风干和预制工作都是在宫城县外的住都公司（Chuto company）完成的。工人们还用传统的工艺，在巨大的木柱中心钻孔以检测材料、控制湿度。最终，本地的大工（木匠）们齐心合力，立柱搭梁，满怀骄傲地树立起建筑的主体木框架。

按照手冢的展望，朝日幼儿园将是一座能够屹立 400 年的建筑，它将会记录历史并警示后代。手冢告诉我："建筑应当支撑我们的社会，并且延伸至下一个时代。"此外，手冢还提出了当代建筑师都屈从于"一次性建筑"的观念，这种观念虽然带来了自由的设计风格，但却纵容了浪费。作为对照，手冢列举了他祖父的老宅，这栋房屋已经有一百多年的历史了。他说："很多人都认为日本文化有'一次性'的特点，这是一种谬误。日本最古老的建筑都是木构的，所有部件都可以替换。"例如，奈良法隆寺的五重塔已经有 1200 年历史了，曾多次更换过木料与构件。手冢还注意到了人体的再生行为，细胞随着时间的推移而不断更替。只要建筑结构牢固，就能代代相传。手冢认同建筑应当随着时间逐步变化的观点，认为应当接受这种现实。他告诉我："人们的生活方式总在不断变化，但是如果你总是不断更替建筑的部件，或是像欧洲古老大教堂那样在数百年间不断续建，那么建筑便可以一直存在下去。我不介意别人在我的建筑上加建一层，建筑又不是纪念碑或是雕塑，它是活的。我希望人们去使用我的建筑，也支持他们在建筑中添砖加瓦。"

当地政府却拿出了一份完全不同的重建策略，选择在一处远离南三陆町原址的位置整体重建城市，新的城市将会建立在高于海平面 30 米的高地上。手冢贵晴对此方案提出了异议，认为填挖工程的土方量过大，为了扩展城市空间，必须挖掉山丘。海啸发生后，政府立即公布了重建措施，丝毫没有考虑当地居民的意见。

手冢建筑研究所在朝日幼儿园所做的设计，为南三陆町的人们打开了一扇与历史对话的窗口。当地人在建造幼儿园时终于展现了久违的笑容，他们顽强的精神广受赞誉，深重的伤痛也在重建家园的过程中得到治愈。虽然用胶合板和层压板建造活动教室更加简便，但这些临时建筑永远不会让孩子们和他们的父母感受到尊严。能用祖先们种下的杉树建造幼儿园，也让当地人有机会与几乎被海啸冲毁殆尽的历史和解。朝日幼儿园建筑中的粗大杉木梁柱不仅体现了当地历史，更是对海啸力量的正视，对坚忍不拔的宫城县人的褒扬，这栋建筑为南三陆町的未来筑造了坚实的精神甲胄。朝日幼儿园基于文化、历史与环境的整体性文脉，织造出用户与场地和谐共生的紧密关系，同时也对更广义的生态敏感性做出回应。手冢建筑研究所的作品深深根植于用户的实际需求，值得依赖；他们还将自己的价值通过每一个建筑项目传递给越来越多的人，我对这两点都深感钦佩。

译后记

　　2014年12月，TED Talk 发布了手冢贵晴在东京所做的名为"前所未见的最好的幼儿园"的演讲。这段九分钟的视频迅速蹿红，在 TED 官网的点击量已达到惊人的 450 万次，富士幼儿园借此成为近几年世界范围内传播度最高的新建作品之一。只穿蓝色衣服的手冢贵晴与只穿红色衣服的手冢由比也因此获得了广泛的关注。

　　这对建筑师组合十分高产，从业以来已经完成了上百个建成作品。从商业角度而言，无疑是十分成功的。而手冢贵晴为自己的事务所起了一个听起来并不商业化、甚至有些古板的名字——手冢建筑研究所。它并不是一家规模巨大的、风格固化的商业设计机构，夫妻二人也不热衷于利用已有的名声参与大型项目竞标，成名之后依然乐于与客户谈天论地、嘘寒问暖、你一言我一句地对设计方案讨价还价。他们虽然缺乏普利茨克奖"桂冠建筑师"的人设，也不能被归类为日本的设计主流，但其作品却依旧以独树一帜的风貌而广为传播。

手冢的建筑作品并不依赖形式与风格的驱动，而是透露出某种强烈的设计直觉，形式直抵生活的根源，简明的外表之下包含着浓烈的人情味与生活气息，其特点可以概括为简单而实在。例如，"屋顶之家"就是让业主在屋顶上起居生活的住宅，富士幼儿园则希望小孩子没完没了地在屋顶上兜圈跑步。这些听上去简单到类似宣传噱头的设计概念却有着真实严谨的数据支持——据称，"屋顶之家"是近十年日本曝光率最高的住宅，也是当地最受欢迎的建筑；富士幼儿园的儿童运动量是其他幼儿园的 8 倍，儿童体测成绩居于东京市之首。如此简单有益的建筑真是相当令人震惊。

当我看到手冢贵晴申明"业主是我们的伙伴"，看到他说"业主想在屋顶上吃早餐午餐，我们在屋面设计了一张带长凳的大桌子；他们要做饭，我们就加上了厨房；业主说冬天得有个炉子取暖，夏天太热了，请设计淋浴喷头吧。我们都完全照做"这样的言论时，对其建筑态度的可爱与朴实感到心悦诚服。如此说来，"接地气"、不卖弄的建筑观念正是手冢建筑深受大众喜爱的基础。

《黄皮书》分量不大，像读一本小手册一样轻松。主要内容包括两部分，其一是手冢贵晴题为"超越建筑"的演讲，其二是建筑师本人的一段访谈记录，大部分内容以第一人称自述，语言轻松幽默，读起来令人忍俊不禁。原书是由英文编写的，而叙述者手冢贵晴的母语却是日语，那么如何将带有日本味的幽默的英语叙述转译为汉语就是需要仔细考虑的问题。我希望本书读起来就像是手冢的建筑作品一样简单有趣，让读者能够一口气读完。前思后想，突然回忆起童年时阅读过的一本《日本笑话选》，我从书中那种"紧绷着脸的"日本式幽默中找到了灵感——表面看起来严肃正经，内里却温暖而诙谐。因此决定让书中的语言尽量贴近口语，同时仔细琢磨了日语中语序和语气的特点，追求"读起来能够感觉到的确是日本建筑师在说话"，希望最终能够达成这样的效果吧。

在翻译过程中，我时常惊叹于手冢贵晴化繁为简的演讲功力，他似乎总能找到办法让自己的概念变得容易被人理解；他的语句幽默亲切，坦率背后却是不达目的不罢休的执着；他讲的故事也许搞笑，但绝不是自鸣得意地卖弄口才。在本书的后半段，手冢贵晴的语言其实非常严肃，从他讲述的日本海啸灾后重建经历与对建筑师责任的讨论中，我们可以发现手冢贵晴与手冢由比的建筑中体现了强烈的社会责任感，其"建造 400 年不倒的房屋"的意愿和对于学生的教导则展示了极高的建筑抱负。

感谢本书的责任编辑在翻译过程中给予我们的支持；感谢日本筑波大学王爽博士的耐心帮助与热心联络，她为日文姓名的翻译提供了宝贵意见；同时也感谢手冢建筑研究所的黄淑琪女士与我们多次交流。本书中"超越建筑"

部分由樊敏翻译，其余章节由张涵翻译。由于译者水平有限，译文中的失误与不足在所难免，希望读者们提出宝贵意见以便在可能时予以更正。

译者

2018 年 5 月

关于编著者

托马斯·舍曼（Thomas Sherman），哈佛大学设计学院设计研究硕士（MDes），研究方向为能源与环境，2014年毕业。托马斯毕业后获得了弗雷德里克·谢尔登旅行奖学金并研究了欧洲、日本与加拿大的木构建筑。为了此项研究，托马斯于2015年前往手冢建筑研究所，参观了该事务所的一系列木构建筑作品。在校期间，托马斯与同学合作设计的"地平线住宅"（Horizon House）方案在第三届骊住建筑设计竞赛中获奖。"地平线住宅"是一栋低能耗木构建筑，面积为80平方米，位于日本北海道大纪町（方案刊登于设计杂志a+u，2013年第6期）。此合作项目使托马斯获得了2013年夏天在东京工作的机会，他由此产生了对日本建筑与工艺的强烈兴趣。

　　格雷格·洛根（Greg Logan），哈佛大学设计学院建筑学硕士（MArch I），于 2013 年夏天在手冢建筑研究所工作。在校期间，格雷格一直担任利皮特·由纪夫教授（Yukio Lippit）"日本建筑"课程的助教，他还为展览"思考的手：日本工匠的工具与传统"做了平面设计与翻译工作。格雷格最近旅居日本，在"槇文彦 + 槇综合计画事务所"（Maki and Associates）工作，同时主导了由哈佛大学赖世和日本研究中心（Reischauer Institute of Japanese Studies）支持的"日本建筑的季候性"相关研究。在就读哈佛大学之前，格雷格受到日本文部科学省奖学金资助，在东京上智大学（Sophia University）获得了日本研究硕士学位。